Albrecht Ritschl

und seine Schüler

im Verhältnis zur

Theologie, zur Philosophie und zur Frömmigkeit
unsrer Zeit

dargestellt und beurteilt

von

Johannes Wendland,
Hilfsprediger am Kgl. Prediger-Seminar zu Wittenberg.

Berlin.
Druck und Verlag von Georg Reimer.
1899.

Vorwort.

Die erste Anregung zu meiner Arbeit gab mir das von der Carl Schwarz - Stiftung zur Bearbeitung ausgeschriebene Thema: „Vergleichung der dogmatischen Systeme von R. A. Lipsius und A. Ritschl.“ Meine Bearbeitung des Themas wurde von dem Preisrichter-Kollegium neben der von E. Pfennigsdorf für preiswürdig befunden und der Wunsch ausgesprochen, die Arbeit durch den Druck veröffentlicht zu sehen. Bei der weiteren Beschäftigung mit dem Thema trat mir die Theologie Ritschls immer mehr in den Vordergrund; ich verfolgte die weitere Ausgestaltung und teilweise Umbildung, die sie durch seine Schüler erhielt, und konfrontierte sein System nicht bloss mit dem von Lipsius, sondern zog auch andere zeitgenössische Theologen und Philosophen heran. Eine vollständige Beurteilung von Lipsius habe ich unterlassen, nachdem bei Pfennigsdorf (Vergleich der dogmatischen Systeme von R. A. Lipsius und A. Ritschl 1896), A. Neumann (Grundlagen und Grundzüge der Weltanschauung von R. A. Lipsius 1896, Tröltsch (GGA 1894 S. 841 ff.), Scheibe (StKr 1895 S. 189 ff.), Traub (StKr 1895 S. 471 ff.), Reischle (ThLZ 1896 S. 41 ff.) die wesentlichsten Gesichtspunkte zu seiner Beurteilung gegeben sind. Zu dem Streit über die angebliche Wandlung von Lipsius, die sich in der 3. Auflage seiner Dogmatik bemerkbar mache, möchte ich jedoch hervorheben, dass diese sich deutlich schon seit dem Jahre 1880 bei

Lipsius vollzogen hat. Sie ist zu erklären als eine starke Beeinflussung durch Herrmanns Buch über die Religion im Verhältnis zum Welterkennen und zur Sittlichkeit. Während Reischle und Traub die Theologie von Lipsius in der Weise umbilden wollen, dass der Gegensatz von theoretischem und praktisch-religiösem Erkennen noch verschärft werde, möchte ich sie in entgegengesetztem Sinne fortbilden. Der Begriff der „Wissenschaft" wird von Lipsius viel zu eng gefasst, wenn sie als Erkennen der Kausalität in der Natur und in der Aufeinanderfolge der psychischen Phänomene definiert wird. Die teleologische Weltbetrachtung, die Lipsius in Gegensatz zur kausalen stellt, ist auch wissenschaftlich zu begründen. Auch da, wo es sich um Beurteilung von menschlichen Geistesidealen, von praktischen Werten, von Gemütserfahrungen sittlicher und religiöser Art handelt, darf man von Wissenschaft reden. Unberechtigt ist es, allein das Wissenschaft zu nennen, was sich logisch oder mathematisch beweisen lässt. Die Geschichtswissenschaft wird sich oft genug mit der Aufweisung von Thatsächlichem begnügen müssen. In allen Geisteswissenschaften wird unbeschadet ihrer strengen Wissenschaftlichkeit der beurteilende und normgebende Faktor des menschlichen Geistes wirksam sein. Diesen Gedanken habe ich auch der Theologie Ritschls gegenüber geltend gemacht.

Wittenberg, den 19. Oktober 1899.

Johannes Wendland.

Inhaltsverzeichnis.

Sigla für Zeitschriften.

ChrW = Christliche Welt.
GGA = Göttingische Gelehrte Anzeigen.
JdTh = Jahrbücher für deutsche Theologie.
JprTh = Jahrbücher für protestantische Theologie.
NkZ = Neue kirchliche Zeitschrift.
PrM = Protestantische Monatshefte.
PKZ = Protestantische Kirchenzeitung.
StKr = Theologische Studien und Kritiken.
ThLZ = Theologische Litteraturzeitung.
ZPhKr = Zeitschrift für Philosophie und philosophische Kritik.
ZThK = Zeitschrift für Theologie und Kirche.
ZWL = Zeitschrift für kirchliche Wissenschaft und kirchliches Leben.
ZwTh = Zeitschrift für wissenschaftliche Theologie.

Einleitung.

Die Litteratur über Ritschl.

Die über Ritschl stark angeschwollene Litteratur enthält beachtenswerte und verständnislose Schriften in reicher Zahl durcheinander. Sie findet sich bis zum Jahre 1892 in grosser Vollständigkeit zusammengestellt bei F. Nippold (Die theol. Einzelschule im Verhältnis zur evang. Kirche 1893), ferner im Theol. Jahresbericht (hrsgg. zuerst von Pünjer, dann von Lipsius, dann von Holtzmann) seit 1881. Das Wichtigste davon mag herausgehoben werden. H. Weiss (Über das Wesen des persönl. Christenstandes, StKr 1881 S. 377 ff.) vermisst in Ritschls Beschreibung des Christenstandes die mystische Seite der inneren Einigung des göttlichen und menschlichen Geistes und tadelt den Dualismus zwischen praktischem Glauben und theoretischer Welterkenntnis (Die neuere Wendung der Wissenschaft und die Theologie, Theol. Stud. aus Württemberg 1885 S. 81 ff.). J. Heer (Der Religionsbegriff A. Ritschls, Zürich 1884) macht auf die Einseitigkeit des Religionsbegriffs Ritschls aufmerksam, der das Streben nach Selbstbehauptung und geistiger Freiheit in den Mittelpunkt der Religion stellt. H. Münchmeyer (Darstellung u. Beleuchtung der Lehre Ritschls von der christlichen Vollkommenheit, ZWL 1887 S. 95 ff.) tadelt, dass nach Ritschl die Vollkommenheit des Christen in seiner Herrschaft über die Welt besteht. Dieselben Mängel des Ritschl'schen Religionsbegriffs beleuchtet J. Köstlin (Religion nach dem Neuen Testament, StKr 1888 S. 7 ff.).

Ferner haben die hervorragendsten Vertreter abweichender theologischer Richtungen von ihrem Standpunkt aus ein Urteil über die Theologie Ritschls abgegeben. Luthardt (ZWL 1881 S. 617 ff., 1886 S. 632 ff.), Frank (Zur Theol. A. Ritschls, 3. Aufl. 1891. Gesch.

und Kritik d. neueren Theol. 1894), Lipsius (Die Ritschl'sche Theol. 1888, aus IprTh 1888 S. 1 ff.), Pfleiderer (Die Ritschl'sche Theol. 1891, aus IprTh 1889—91; Gesch. d. Rel. Phil. 3. Aufl. S. 481 ff.; Entwickelung d. protest. Theol. seit Kant 1891). Ausserdem: Haug, (Darstellung u. Beurteilung d. Ritschl'schen Theol. 1885), Lemme (Die Prinzipien der Ritschl'schen Theol. 1891), Pfennigsdorf (Vergleich der dogm. Systeme von Lipsius und Ritschl 1896), v. Kügelgen (Die Dogmatik A. Ritschls 1898).

Referierenden Charakter tragen die Abhandlungen von Thikötter (Darstellung der Ritschl'schen Theol. 1883) und Mielke (Die Theol. A. Ritschls 1894). Besonders aber wird das Studium Ritschls erleichtert durch die vorzügliche Biographie A. Ritschls (Freiburg 1892. 1895), von seinem Sohne Otto Ritschl herausgegeben. Am wertvollsten ist der zweite Band. Man erhält hier einen treffenden Einblick in das Werden, die Gestaltung und Vollendung der Gedankenwelt Ritschls. Freilich lässt der nicht bloss pietätvolle Sohn sondern auch überzeugte Schüler naturgemäss jede kritische Beurteilung des Meisters vermissen.

In neuerer Zeit hat Henri Schoen (Les origines historiques de la théologie de Ritschl, Paris 1893) ein vorzüglich lesbares Buch über die Zusammenhänge der Theologie Ritschls mit den geistigen Strömungen der Vergangenheit und Gegenwart geschrieben und viele treffende Bemerkungen dazu gemacht. Aber der in der Ferne schreibende geistvolle und gelehrte Franzose hat doch nicht genügend unterschieden zwischen direkter Beeinflussung, zufälligem Zusammengehen und Übereinstimmung in dem, was als geistiger Allgemeinbesitz unserer Zeit gelten darf.

In neuester Zeit hat G. Ecke, ein Schüler M. Kählers, in seinem Buche (Die theol. Schule A. Ritschls und die evang. Kirche der Gegenwart. Bd. I Berlin 1897) eine umfassende Würdigung der Theologie Ritschls versucht. Das Buch zeichnet sich aus durch eindringendes Verständnis der Eigenart Ritschls. Ferner sind die Zusammenhänge Ritschls mit der sog. positiven oder bibelgläubigen Theologie, die in keinem Punkte über die Lehraussagen des Neuen Testaments hinauszugehen wagt, richtig erkannt und dargestellt. Die Absicht, die Ritschl'sche Theologie noch mehr in diese Bahnen hineinzuleiten, und die Mahnungen an die am weitesten rechts stehenden Schüler Ritschls, sich noch mehr der strenger biblischen Richtung zuzuwenden, stammen aus aufrichtiger und wohlmeinender

Überzeugung des Verfassers. Die Betrachtung aller anderswohin weisenden Ausführungen Ritschls als auszuscheidender fremdartiger Elemente innerhalb seiner Theologie legt einen freundlich gutgemeinten Massstab an. Aber mit demselben, vielleicht noch mit mehr Recht kann man die entgegengesetzte Betrachtung anwenden: Die Bibelgläubigkeit Ritschls, der Versuch, alle seine Ausführungen durch die biblische Verkündigung zu decken, das Fehlen der Erkenntnis, dass wir in vielen Punkten über Zeitvorstellungen der Bibel hinausgehen müssen, ist ein fremdartiges Element in seiner im übrigen auf freieren Bahnen wandelnden Theologie. (Vgl. dazu A. Harnack ChrW 1897 Sp. 869 ff.). Der Verfasser hat wohl einen feinen Sinn für die Elemente der Ritschl'schen Theologie, die in der Richtung der sog. kirchlichen Theologie liegen. Aber ihm fehlt jedes Verständnis für die Berechtigung einer wissenschaftlichen Bibelkritik, die auch vor dem Inhalt der biblischen Verkündigung nicht wie vor einem noli me tangere stehen bleibt, sondern auch hier Bleibendes und Vergängliches unterscheidet. Ebensowenig Verständnis hat er für die Bedeutung einer die erkenntnistheoretische Skepsis positiv überwindenden Philosophie, die nicht dazu da ist, sich selbst in lauter Einzeldisciplinen aufzulösen, sondern die alle Einzelerkenntnisse in Natur- und Geisteswissenschaften zu einer Verstand und Gemüt gleichmässig befriedigenden Weltanschauung zusammenzufassen sucht. Immerhin hat Ecke innerhalb dieser Grenzen seines Gesichtskreises Wertvolles geleistet.

Das Studium der Schriften Albrecht Ritschls selber ist besonders dadurch erschwert, dass es seine Eigenart war, an der Hand exegetischer und historischer Kleinarbeit seine grossen, durchschlagenden Gesichtspunkte zu entwickeln. Die Fülle von Einzeluntersuchungen, die zum Teil nur wenig zur Hauptsache beitragen, wirkt ermüdend und verwirrend auf den Leser. Am besten hat er seine Anschauungen zusammengefasst in seinem Vortrage über die christliche Vollkommenheit (Göttingen 1874, 2. Aufl. 1889) und in seiner akademischen Lutherrede vom Jahr 1883 (Drei akademische Reden. Bonn 1887, S. 5 ff.). Am wenigsten zur Übersicht geeignet ist sein „Unterricht in der christlichen Religion“ (Bonn 1875, 3. Aufl. 1886), ein Buch, das weder zu dem ursprünglichen Zweck, als Leitfaden im Gymnasialunterricht zu dienen, für brauchbar befunden ist, noch auch geeignet ist, dem Leser eine wirkliche Kenntnis von Ritschls eigenen Meinungen zu verschaffen; denn die

Fülle nur halb passender Bibelstellen wirkt störend und verwirrend. Ausser in den genannten Vorträgen hat Ritschl auch in seiner Geschichte des Pietismus in lichtvoller Weise seine Grundgedanken in Anlehnung an die Reformation zusammengefasst, besonders Bd. I §§ 1—6, Bd. II § 27. Zum Studium von Ritschls Hauptwerk (Die christl. Lehre von der Rechtfertigung und Versöhnung. 3 Bände, Bonn 1870—74; 3. Aufl. 1888—89) halte ich es für das Zweckmässigste, zuerst im 1. Bande, der die Geschichte der Lehre enthält, §§ 1, 3, 16—24, 26—28, 48—49 zu lesen. Hier spricht Ritschl über seine Aufgabe und seine Vorgänger, dann über die Grundsätze der Reformation, endlich über Mystik, Pietismus und Aufklärung. Viele andere Untersuchungen sind dem gegenüber völlig unwesentlich. Im 2. Bande, der den „biblischen Stoff der Lehre“ enthält, sind am wichtigsten die letzten §§ 37—40. Im 3. Bande, der seine eigenen Ansichten bringt, aber noch mit einer Fülle exegetischer und historischer Kleinarbeit belastet ist, werden vielleicht am besten §§ 25, 26, 52—54, 62—68 zuerst gelesen, da hier Ritschls Ideal christlicher Frömmigkeit am deutlichsten ausgesprochen ist. Die philosophische Grundlegung seiner Anschauung hat Ritschl in den §§ 3, 27—30 des 3. Bandes und in der verunglückten Streitschrift „Theologie und Metaphysik“ (Bonn 1881, 2. Aufl. 1887) gegeben; vgl. auch die aus seinem Nachlass herausgegebene Schrift „Fides implicita, eine Untersuchung über Köhlerglauben, Glauben und Wissen.“ Bonn 1890.

Eine umfassende Würdigung des Lebenswerks Ritschls darf meines Erachtens nicht bloss innerhalb des engen Rahmens zünftiger Theologie unternommen werden. Ritschl hat zwar eine bestimmte Stellung innerhalb der Theologie unseres Jahrhunderts, und die Einflüsse, unter denen er gestanden hat, sind deutlich nachweisbar. Aber Ritschl ist zugleich ein Charakter mit einer eigenartigen, scharf ausgeprägten Religiosität. Diese hat auf Grund der Biographie Ritschls zuerst Ecke eingehend gewürdigt. Ferner ist die Theologie niemals unabhängig von dem allgemeinen geistigen Leben der Zeit gewesen, sondern eine Änderung des allgemeinen wissenschaftlichen Horizonts hat stets auch gewaltige Krisen innerhalb der Theologie zur Folge gehabt. Andrerseits haben wieder neue religiöse Bewegungen befruchtend auf alle Gebiete des geistigen Lebens eingewirkt. Denn die Religion ist nicht eine weltferne Insel innerhalb des Meeres der Kulturbewegung, sondern sie ist wie ein Fels, der umbraust wird von allen Wogen des geistigen Lebens. Wohl vermögen die Stürme der modernen Zeit von ihrer Aussenseite vieles verwitterte Gestein aus vergangenen Jahrhunderten abzubröckeln, aber die Goldadern in ihrer Mitte erglänzen dadurch nur in um so hellerem Lichte. Diese Seite der Frage ist bisher noch fast gar nicht behandelt worden: Welche Stellung nimmt Ritschl innerhalb unsrer Kultur ein und welchen Beitrag hat er zur Gesundung deutschen Wesens gegeben? Schon bei H. Weiss (Theol. Stud. a. Württemb. 1885) finden sich einige Bemerkungen dazu. Mit vollem Bewusstsein wirft diese Frage aber erst Arthur Bonus auf in seinem (anonym erschienenen) Buche „Von Stöcker zu Naumann“ (Heilbronn 1896). Ritschl nimmt eine bestimmte, eigenartige Stellung nicht bloss in der Philosophie, sondern auch innerhalb der modernen Kultur ein. Philosophisch sucht er zwar Religion und Theologie als eine von aller Philosophie abgesonderte Insel hinzustellen. Aber er kann diese Trennung naturgemäss nur wieder mit den Mitteln der Philosophie vollziehen. Daher gehört Ritschl philosophisch einer bestimmten Richtung an, der nach dem Sturze der grossen idealistischen Systeme, die im ersten Drittel unseres Jahrhunderts herrschten, aufgekommenen neukantischen Philosophie, die teils empiristisch sich streng an das in der unmittelbaren Erfahrung Gegegebene hält, teils skeptisch die Möglichkeit objektiver Wahrheitserkenntnis der Dinge ausser uns verneint.

Ausser den angeführten Schriften haben sich noch Philosophen vom Fach zu Ritschls Philosophie geäussert, am ausführlichsten R. Seydel (Religionsphilos. Freiburg 1893, S. 111 ff.), ferner Teichmüller (Religionsphilos. Breslau 1886, S. 351 ff., 524 ff.), Volkelt (Einführung in die Philos. d. Gegenwart, München 1892, S. 150 ff., 221 ff.), Ed. v. Hartmann (Die Krisis des Christentums in der modernen Theologie, Vorrede zur 2. Aufl., Leipzig 1885, S. XX ff.), Th. Ziegler (Die geistigen u. sozialen Strömungen des 19. Jhdrts., S. 450 ff.).

Eine Ausdehnung der Arbeit auf Ritschls Schüler ist geboten, weil diese besonders philosophisch vieles genauer zu begründen versucht haben als ihr Meister; besonders sind in Betracht zu ziehen die Schriften von W. Herrmann (Die Metaphysik in der Theologie, Halle 1876. Die Religion im Verhältnis zum Welterkennen und zur Sittlichkeit, Halle 1879. Der Verkehr des Christen mit Gott, im Anschluss an Luther dargestellt, Stuttgart

1886, 3. Aufl. 1896) und J. Kaftan (Das Wesen der christl. Religion, Basel 1881, 2. Aufl. 1888; Die Wahrheit der christl. Religion, Basel 1889; Dogmatik 1898). Ausserdem kommen zahlreiche kleinere Schriften und Abhandlungen von diesen, ferner auch von Reischle, Gottschick, Häring, Traub, Otto Ritschl, Joh. Weiss, besonders in der seit 1891 erscheinenden ZThK in Betracht, ferner sind auch viele Recensionen in der ThLZ wichtig, die in dogmatischer und philosophischer Hinsicht vom streng Ritschl'schen Parteistandpunkt aus ihr Urteil über die Zeiterscheinungen abgab.

In diesem umfassenden Sinne glaube ich meine Aufgabe verstehen zu müssen: Beurteilung Ritschls als eines eigenartigen religiösen Charakters und als wissenschaftlichen Theologen. Ferner ist seine Stellung innerhalb der Philosophie und der allgemeinen Kultur aufzuweisen. In allen Punkten sind gelegentlich seine Schüler heranzuziehen, sowohl wo sie seine Gedanken weiter ausführen, als auch wo sie in andere Bahnen einlenken.

Erster Abschnitt.

Die Persönlichkeit Ritschls u. seine Stellung innerhalb des modernen Geisteslebens.

Kapitel 1.

Ritschls Individualität.

Vgl. hierzu Ritschls Leben I S. 2, II S. 45; Ecke a. a. O. S. 13—41.

1. Die Religiosität Ritschls.

Fichte sagt treffend: „Was für eine Philosophie jemand hat, liegt daran, was für ein Mensch er ist.“ So steht auch hinter Ritschls System eine eigenartige, kraftvolle, eckige Persönlichkeit. Ritschl ist nicht bloss theologischer Arbeiter von umfassender Gelehrsamkeit, sondern auch ein scharf ausgeprägter Charakter mit einer eigenartigen Form der Religiosität.

Ritschls Eigenart lässt sich am besten an ihrem Gegensatz deutlich machen. Nichts war ihm mehr zuwider als die Modefrömmigkeit eines weichlichen oder süsslichen, in Gefühlen schwärmenden Pietismus, die nur von Hunger nach „Erbauung“ und seiner Befriedigung lebende religiöse Genusssucht. Der nichts weniger als gefühlige Mann hasste die Art des „religiösen Virtuosentums“, dem die religiöse Empfindung leicht von den Lippen fliesst und das leicht dazu getrieben wird, sich künstlich in noch tiefere religiöse Empfindungen oder wenigstens Äusserungen hineinzusteigern, bei denen die Gefahr der Unwahrheit nahe liegt. Seine Frömmigkeit war die Religion der That, der Arbeit, der Kraft im Wirken und Leiden. Ein von Natur starkes Selbstbewusstsein, das sich an vielen Stellen seiner Werke, für manche verletzend, äussert, wurde bei ihm religiös verklärt, indem ihm Religion ein Mittel wurde, sein Selbstgefühl gegen alle Hemmungen der äusseren Lebensschicksale aufrecht zu erhalten. Aus dem Selbstgefühl, als Mensch mehr zu sein als ein Stück der toten Natur, entspringt nach ihm alle Religion. Das Christentum ist ihm darum die vollendete Religion, weil es den Menschen dazu befähigt, eine geistige Persönlichkeit, ein Ganzes in seiner Art zu werden. Es entnimmt den Menschen dem leidenschaftlichen Wechsel der Stimmung zwischen Lust und Unlust. In der Gewissheit, dass alle Dinge denen zum Guten dienen, die sie aus Gottes Hand nehmen, weiss der Christ auch die Uebel des Lebens in Gottvertrauen, Demut und Geduld zu überwinden. Die gewissenhafte Arbeit im Beruf, sei es nun ein geistiger oder ein vor Menschen wenig geachteter Beruf körperlicher Arbeit, ist für den Menschen sowohl das beste Heilmittel gegen den Schmerz, wie auch der Weg, um zu der dem Christen erreichbaren Vollkommenheit zu gelangen. Hiermit ordnet sich das persönliche Leben des einzelnen zugleich in den allgemeinen Lebenszweck der Gesamtheit ein, der darin besteht, das Reich Gottes in der Welt durchzuführen. Durch jede treue Berufsarbeit wirkt der Mensch an der ihm gewiesenen Stelle dazu mit, Gottes Reich zu bauen. Denn das Reich Gottes wird nicht nur durch innere und äussere Mission gefördert, sondern Ehe, Familie, bürgerliche Gemeinschaft, nationaler Staat sind die Gemeinschaften, in denen es verwirklicht werden soll. Durch gerechtes Handeln und Nächstenliebe wird das Reich Gottes gegründet.

Diese Art der Frömmigkeit war es, in der Ritschl lebte; sie in der Kirche der Gegenwart als die allein berechtigte nachzuweisen und gegenüber allen andersartigen religiösen Stimmungen als die allein lebensfähige durchzuführen, hielt er für seine reformatorische Aufgabe. Diese religiöse Auffassung bildet für ihn zugleich unbewusst den kritischen Massstab für seine Durchforschung der Geschichte des Christentums. Am deutlichsten fand er seine religiöse Stimmung wieder in dem Triumphgesang des Paulus (Röm. 8, 31—39; vgl. Röm. 5, 1—5). Der Christ, durch den religiösen Besitz der Gotteskindschaft innerlich erhoben, hat hierin eine überlegene Kraft, durch die er Erdenleid und -Lust zu überwinden weiss.

Eine seiner Religiosität verwandte Stimmung fand Ritschl besonders bei den Reformatoren wieder. Nicht sowohl der Gedanke, wie der über seine Sünde bekümmerte und im Gewissen geängstete Mensch zum Frieden mit Gott kommt, war es, den Ritschl als Grundgedanken der Reformation herausstellte, sondern andere Gedanken, die meines Erachtens erst in zweiter Linie für die Reformatoren wichtig waren, wurden von Ritschl als die eigentlich leitenden reformatorischen Gesichtspunkte hervorgeholt. Der Grundsatz: „Die reformatorischen Ideen sind in den theologischen Büchern Luthers und Melanchthons selbst mehr verdeckt als offenbar“ (Drei akademische Reden S. 18), machte methodisch alles möglich. So werden nicht die deutlich ausgesprochenen Grundgedanken der Lehrurkunden der Reformation, wie der bekümmerte Sünder in der Rechtfertigung den Gnadentrost des Evangeliums ergreift, sondern das was Luther und Melanchthon und ebenso Zwingli und Calvin öfter als Folgen der Rechtfertigung hinstellen, zu den eigentlichen Leitsätzen der Reformation gestempelt. „Die Herrschaft über die Welt, insbesondere über die aus ihr entspringenden Uebel durch das Vertrauen auf Gott ist die praktische Zweckbeziehung der Rechtfertigung, welche Luther auf der Spur des Paulus entdeckt und Melanchthon in den klassischen Urkunden der Reformation zu formulieren vermocht hat.“ (Rechtf. u. Vers. I³ S. 184f.) Besonders sympathisch war ihm die Schrift Luthers „De libertate christiana“ mit ihren Ausführungen, dass der Christ ein freier Herr sei über alle Dinge, frei von willkürlichen kirchlichen Gesetzen, frei von den Uebeln und König und Priester in seiner erhabenen Stellung über der Welt in der Gemeinschaft mit Gott. An den entscheidenden Stellen der Augsburger Confession (Art. 4—6) findet sich nun nichts von dieser „Zweckbeziehung der Rechtfertigung auf die Weltüberwindung und den Vorsehungsglauben“ Melanchthon wird deswegen zurechtgewiesen. Dagegen werden gelegentliche Ausführungen, dass das Gottvertrauen eine Folge der Rechtfertigung ist (Conf. Aug. 20) zu Leitsätzen der Reformation erhoben. Die polemischen Ausführungen gegen Mönchswesen und Klostergelübde, dass nicht in Weltabgeschiedenheit und mönchischem Leben die christliche Vollkommenheit bestehe, sondern in Gottvertrauen und Berufsarbeit (Conf. Aug. 27), werden zu theologischen Grundgedanken der Reformation gestempelt. Ja Ritschl findet im kleinen Katechismus Luthers den Gedanken wieder, dass der Christ eine weltbeherrschende Stellung einnimmt — freilich da, wo man diesen Gedanken am wenigsten erwartet, im 5. Hauptstück. Vermöge der ihm feststehenden Gleichung: Leben und Seligkeit gleich Freiheit von der Welt und Weltherrschaft in der Gottesgemeinschaft behauptet er, Luther sage „im Hinblick auf die Beherrschung der Welt im geistigen Sinne: Wo Vergebung der Sünden ist, da ist Leben und Seligkeit". (Drei akad. Reden S. 14; ebenso R. V. I^3 S. 183.)

Somit hat Ritschl mit genialer Intuition aus der religiösen Stimmung der Reformatoren das herausempfunden und sich assimiliert, was seiner religiösen Grundstimmung entsprechend war.

Eine bisweilen leise und unmerkliche, bisweilen stärkere Verschiebung und Umdeutung der Religiosität der Reformatoren zu Gunsten einer moderneren religiösen Stimmung ist die Folge. Diese von einem eigenartigen Sehwinkel aus geschaffene Reproduktion Luthers und Melanchthons bringt uns Modernen zwar diese Gestalten vergangener Jahrhunderte weit näher als die photographisch treue Wiedergabe ihres Gedankengehalts bei J. Köstlin (Die Theologie Luthers). Aber Ritschls und ebenso W. Herrmanns (Der Verkehr des Christen mit Gott im Anschluss an Luther ausgeführt; Stuttgart 3. Aufl. 1896) Ausführungen über Luther sind (bei Ritschl unbewusst, bei Herrmann schon mehr bewusst und vollends in A. Harnacks Dogmenschichte mit bewusster Absichtlichkeit) von dem Gedanken geleitet: Was können wir uns aus dem reichen, aber zwiespältigen, halb mittelalterlichen, halb modernen Charakter Luthers als bleibende Wahrheit herausnehmen? Oder: wie können wir die kernige Gestalt Luthers in verjüngter und verklärter Form in unsre Zeit hineinstellen, damit er sich als neuer religiöser Reformator für unsre Tage erweise?

Da man charakteristische Typen auch aus der Vergleichung mit ihrem Gegensatz kennen lernen kann, so lässt sich Ritschls Eigenart auch aus der Lektüre des Lebensbildes von Gustav Knak, verfasst von Th. Wangemann (Berlin 1879) studieren, wofern man zu allen wichtigen Zügen dieses Lebensbildes das schnurgerade Gegenteil setzt. Es lässt sich kaum ein vollendeterer Gegensatz zweier gleichzeitiger religiöser Typen denken, wie sie das 19. Jahrhundert hervorgebracht hat, als dieser. Hier der gefühlvolle, lyrische, in religiösen Erregungen schwelgende und in ihrer Seligkeit bis zur Ekstase erregte lutherische Geistliche, dem freilich

Ritschl das Luthertum abgesprochen hat (ThLZ 1879 Sp. 455 ff.): er sei nicht Lutheraner, sondern Pietist gewesen. Denn Ritschl fühlte seine Religiosität als das allein berechtigte Luthertum. Hier der von Salbung triefende und stets „erbaulich“ redende Geistliche, dort der trockene, sarkastische und über ihm nicht konforme religiöse Aeusserungen oft masslos absprechende Stubengelehrte, der nichts weniger als lyrischen Schwung besass, nichts von Weichheit der Empfindung, der aus religiöser Keuschheit jeden Ausdruck religiöser Erregung sorgsam zu überwachen pflegte, und meist herb und streng von dem redete, was sein Herz bewegte. (Vgl. auch Herrmann: Der evangelische Glaube und die Theologie Albrecht Ritschls. Rektoratsrede. Marburg 1890. 2. Aufl. 1896; S. 8.)

Die Religiosität Ritschls ist von den Schülern, die seiner Theologie folgten, nicht in vollem Umfang angeeignet, am meisten noch von A. Harnack, Johannes Weiss, Otto Ritschl. Während bei A. Ritschl die Person Christi zwar auch im Mittelpunkte seines Systems steht — Christus ist Offenbarer Gottes und Vermittler der Gemeinschaft zwischen Gott und Menschen — hat es der Mensch im religiösen Verkehr letztlich doch nur mit Gott zu thun. Gott, Welt und die Seele des Menschen sind die drei Punkte, die das religiöse Leben bestimmen. Herrmann dagegen verlangt das Unmögliche, dass wir im religiösen Verkehr auch in Gott nichts anderes finden sollen als Christus. Und die Forderung, dass die Person des geschichtlichen Christus, der Mensch Jesus, wie er auf Erden gewandelt hat, eine „Thatsache unseres eigenen Lebens“ werden soll, ja dass diese Thatsache das religiöse Grunderlebnis jedes Christen werden müsse, verlangt das Widerspruchsvolle, dass etwas Vergangenes als Vergangenes zugleich etwas Gegenwärtiges sein solle. Er nähert sich der pietistischen Forderung des steten Umgangs mit der Person Jesu. Nur ist an die Stelle dieser sentimentalen, rührselig thränenvollen, mit dem „holden Jesulein“ spielenden Religion des Weibes das zornmütig ehrliche Pathos Ritschl'scher männlicher Religion getreten. Bei Kaftan ist die Ritschl'sche Kulturfreudigkeit, die die Verwirklichung des Reiches Gottes in den Formen dieses Weltlebens erhofft, von einem starken Einschlag urchristlicher Eschatologie und weltentrückter Mystik durchsetzt: Der Fromme lebt, so sehr seine sittliche Arbeit auf diese Welt gerichtet ist, doch im tiefsten Grunde seiner Seele im Jenseits ein mit Christo in Gott verborgenes Leben.

Der geniale Interpret, weniger der Ritschl'schen Theologie als vielmehr Ritschl'scher Religiosität ist der die „Wissenschaftler" liebende, aber nicht selbst zu ihrer Zunft gehörige moderne Litterat Arthur Bonus (Zwischen den Zeilen Bd. I 1895, Bd. II 1899, Deutscher Glaube 1897, Der Gottsucher 1898). Am deutlichsten hat Bonus seine Anschauungen niedergelegt in der anonym erschienenen, durch ihren Titel irreführenden Schrift „Von Stoecker zu Naumann" (1896). Richtiger wäre der Titel: Von der mittelalterlichen Weltanschauung durch den Sturz der Spekulation zu Darwin, Ritschl, Nietzsche, zur Deutschreligion und zu Naumann. Sein erzürntes Herfahren über den angeblich an allem Unheil schuldigen Intellektualismus ist ein Erbteil Ritschl'scher Theologie; es treibt ihn bis zur Geringschätzung des Intellekts nicht nur sondern auch der Logik und zu dem vergeblichen Suchen eines logikfreien Wahrheitsgebiets. Nietzsche's Rücksichtslosigkeit und Kühnheit der Gedanken, kraftgeniales Gebaren der Jüngstdeutschen und eine bis zur Anstössigkeit übermütige Sprache verbinden ihn mit den modernen Litteraten. Aber eine aus dem Ringen mit dem Lebensproblem, mit Gott und Welt herausgeborene und durch den Kampf mit den verschiedensten, religiösen und irreligiösen Weltanschauungen geklärte und gestählte kraftvolle Religiosität Ritschl'scher Färbung ist das, was ihn in tiefster Seele bewegt; und der Kampf für sie, das Gefühl, dass sie im geistigen Leben der Gegenwart eine Aufgabe hat und unsere moderne Kultur vor dem Zerfallen und Zerfahren retten kann, treibt diesen Dorfpastor in die Bahn der modernen und modernsten Litteraten.

2. Ritschl als theologischer Gelehrter.

So sehr Ritschl eine eigenartig gefärbte religiöse Stimmung gehabt hat, so hat er auch eine ganz eigentümliche Art wissenschaftlichen Denkens und der Entwicklung seiner Gedanken. Um zunächst mit dem scheinbar äusserlichsten zu beginnen, so ist der Stil eines Menschen doch nicht etwas ganz Unwesentliches, sondern bis zu einem gewissen Grade eine Offenbarung seines inneren Wesens. Der greise Geibel klagt mit Recht (Gedichte aus seinem Nachlass S. 260): „Dass seit Jahren der Strom des natürlichen Lebens und Denkens Fremd, in gesonderter Bahn, neben dem geistlichen fliesst, Daran kranken wir all; und wir werden nicht eher gesunden, Bis im vereinigten Bett Woge mit Woge sich mischt."

Ein Teil der Schuld ist darin begründet, dass gerade unsere grössten Theologen, die am meisten die Beachtung der allgemeinsten Kreise verdienen, es oft am wenigsten verstanden haben, in lesbarem, verständlichem Deutsch ihre Gedanken auszudrücken. Es scheint, als ob ein steifes, nur für die engere Zunft verständliches Gelehrtendeutsch das Erfordernis eines für voll anzusehenden Wissenschaftlers sei. Die mangelnde Anschaulichkeit der Sprache, die blutlose Dialektik, wie sie Ritschl gleich seinem grossen, von ihm nicht sehr geachteten Vorgänger Schleiermacher gehabt hat, die Unfähigkeit oder Unlust, in einer für weitere Kreise lesbaren Sprache zu schreiben, wie sie im Gegensatz zu den französischen Gelehrten vielen deutschen Theologen eigen ist, haben es so weit gebracht, dass der steife Gelehrtenstil, der auf jeden Nichtzünftler abschreckend wirkt, für ein Zeichen besonderer Gedankentiefe gilt. Nur wenige Theologen wie vor allem Hase, Beyschlag, Pfleiderer stellen sich überhaupt die Aufgabe, so zu schreiben, dass jeder sie versteht. Die Folge ist dann eine babylonische Sprachverwirrung, die jede Geistesgemeinschaft zwischen den verschiedenen Kulturkreisen unseres Volks hindert, die gegenseitige geistige Befruchtung aufhebt und zum Zerfall, zur inneren Zerfahrenheit unseres modernen Lebens viel beigetragen hat. Mit Recht sagt C. Sell (ZThK 1898 S. 262): „Nur der bis in seine letzten Winkel hinein mit den Worten des Volksmundes ausdrückbare Gedanke hat Aussicht und Anrecht darauf, von jedermann verstanden zu werden und so zu dauern.“ Die in dem zünftigen Gelehrtenstil liegende Verachtung des deutschen Volkslebens und die innerliche Entfremdung von seinem Denken, die mit eigener geistiger Verarmung verbunden zu sein pflegt, hat unser geistiges Kulturleben, das nach Eph. 4, 4 eine Einheit und geistige Gemeinschaft sein soll, von Grund aus zerstört. Die dienende Liebe und geistige Handreichung, die Eph. 4, 16 gefordert wird, sucht man vielfach vergeblich. Ritschl scheint seinen Stil nicht erst durch das Studium Hegels oder Schleiermachers oder der altprotestantischen Dogmatiker verdorben zu haben, dieser Mangel scheint ihm schon von früherer Jugend an eigen gewesen zu sein (Leben I S. 16). Er fühlte auch, dass er nicht die Gabe habe, für weitere Kreise verständlich zu zu reden oder zu schreiben. Verhältnismässig am besten ist ihm dies in seiner akademischen Lutherrede gelungen. Sonst beschränkt er sich darauf, auf Theologen einzuwirken; dankbare Schüler zu haben und sie an sich zu ketten, war ihm ein überaus wohlthuendes Gefühl. Es gelang ihm, wie keinem seit Schleiermacher, treue Schüler zu gewinnen sowohl im Pfarramt wie im akademischen Lehramt. Bei diesen wirkte die Expansionskraft Ritschl'scher Gedanken so stark, dass die Versuche sich mehrten, sie in das geistige Leben der Gegenwart zu übersetzen und in fasslicherer Form zu vertreten. Hierzu dient besonders die Wochenschrift „Die Christliche Welt", die freilich für ein „Gemeindeblatt" immer noch zu viel zunftmässige Art der Gedankenentwicklung vorbringt.

Zu Ritschls Eigenart gehört ferner eine eigentümliche Weise der Gedankenentwicklung; diese erwuchs ihm (vgl. Otto Ritschl in A. Ritschls Leben II S. 45) aus der Art seiner dogmenhistorischen Arbeit. Er geht niemals, weder in seiner historischen noch in seiner dogmatischen Arbeit von grossen, umfassenden Gesichtspunkten aus, sondern kleinliche, minutiöse Untersuchungen und Abwägungen, die nur an den Scholastikern und altprotestantischen Dogmatikern ihres Gleichen haben, machen den Leser zunächst müde und matt. Man weiss oft nicht, was die langatmige, kleinliche Detailarbeit da für einen Zweck hat, wo man positive Entwicklung der eigenen Anschauung Ritschls erwartet. Auch im 3. Bande seines Hauptwerks, der die positive Entwickelung der Lehre bringen soll, muss der Leser stets hin- und herspringen zwischen Reformatoren, Scholastikern, altprotestantischen Dogmatikern, Socinianern und Rationalisten. Durch minutiöse biblisch-exegetische Fragen, die schon im 2. Bande abgethan sein sollten, wird der Gedankenfortschritt beständig unterbrochen, so dass es eine wahre Erholung ist, auf Stellen zu stossen, in denen Ritschl in kerniger, selbstbewusster Sprache, oft unter heftiger Polemik gegen Andersdenkende, seine Grundgedanken entwickelt. Solche Stellen, wie die oben (S. 4) angeführten §§ wirken wie Lichtblicke und sind als Pfadfinder durch das sonst unwegsame Gestrüpp seiner übrigen Ausführungen zu benutzen. Im 2. Bande seines Hauptwerkes treten die wichtigsten Gedanken Ritschls über die Erprobung des Rechtfertigungsglaubens in Weltüberwindung, geistiger Freiheit und Geduld im Leiden erst gegen Schluss des Werkes hervor (§ 37). Otto Ritschl hat uns durch den Abdruck der Briefe A. Ritschls aus jener Zeit in den Stand gesetzt zu erkennen, dass Ritschl erst damals, während der Ausarbeitung seines Werks, diese Gedanken als angeblich paulinische und reformatorische Grundwahrheiten deutlich wurden. Vgl. besonders den charakteristischen Brief Ritschls an Diestel vom 6. Juni 1872: „Ich habe in dem letzten Abschnitt über menschliche Gerechtigkeit und Rechtfertigung im Glauben Dinge von einer Wichtigkeit gelernt, auf die ich nicht gefasst war, Dinge, die meine Voraussetzungen mir aufs vollständigstc bewährt haben, an denen ich aber bisher ebenso unachtsam vorbeigegangen war wie alle anderen." (Ritschls Leben II S. 124.) Dieser Sachverhalt macht es besonders deutlich, wie Ritschl mitten in seiner exegetischen und historischen Kleinarbeit grosse, überraschende Gesichtspunkte emporwuchsen, die ihn dann bei seiner weiteren Arbeit leiteten. „Die gespannte Aufmerksamkeit auf neue Kombinationen", die ihn, wie er gelegentlich selbst zugiebt (Unterricht im Christentum, Vorrede zur 2. Aufl.), beseelte, liess ihn anregende und fruchtbringende neue Gesichtspunkte auffinden. Naturgemäss wurden diese neuen Gesichtspunkte von ihm stark übertrieben und gewaltthätig durchgeführt. Aber da sich aller Fortschritt der Geschichtsforschung in Stoss und Gegenstoss, in Uebertreibung neuer Gesichtspunkte und Ermässigung derselben vollzieht, so hat Ritschl als Historiker besonders auf die Geschichtschreiber der Reformation befruchtend eingewirkt. (Vgl. O. Ritschl in A. Ritschls Leben II S. 100.) Ritschls wissenschaftliche Natur ist eine eigentümliche Verbindung zwischen einem gründlichen, in entsagungsvoller geschichtlicher Kleinarbeit aufgehenden Historiker und zwischen einer starken, die Geschichte nur als Rüstkammer für seine in der Gegenwart durchzufechtenden Kämpfe benutzenden wissenschaftlichen und religiösen Kraftnatur. Dass seine exegetische wie historische Arbeit durch und durch tendenziös ist, wird nicht auf den ersten Blick deutlich, da die ihn leitenden Gesichtspunkte sich erst im Laufe der Erörterung allmählich enthüllen und, scheinbar ganz natürlich, sich aus der Geschichtsbetrachtung wie von selbst ergeben.

Indem Ritschl die Geschichte von eigenartigen, neuen Gesichtspunkten aus betrachtete, konstruierte er geschichtliche Zusammenhänge auch da, wo nur zufällige Aehnlichkeiten vorhanden sind. Weit weniger als Hegel wusste er dabei die treibenden Kräfte der Entwickelung zu erfassen. Oft sind es willkürliche Konstruktionen, in denen er geschichtliche Erscheinungen zusammenzufassen suchte. Besonders auffällig ist dies in seiner Schrift über Schleiermachers Reden und ihre Nachwirkung, in seiner nachgelassenen Schrift

„Fides implicita“ und in seiner Prorektoratsrede beim Jubiläum der Georgia Augusta 1887 (Drei akad. Reden 1887). In der letzteren Rede, der einzigen Gelegenheit, wo sich Ritschl auf politisches Gebiet wagte, sucht er den Liberalismus, die Socialdemokratie und den Ultramontanismus als Frucht der mittelalterlichen Weltanschauung hinzustellen. In der Schrift „Fides implicita“ konstruiert er Zusammenhänge zwischen dem scholastischen Begriff von Wissen im Gegensatz zum Glauben mit der Anschauung moderner Menschen über das Wesen der Wissenschaft.

Wie Ritschls Biographie deutlich erweist, standen ihm wichtige Gesichtspunkte seiner Anschauung schon in den fünfziger Jahren unseres Jahrhunderts fest, als seine Jugendentwickelung zum Abschluss gekommen war, die am stärksten durch Hegel und Baur, durch anfängliche, begeisterte Zustimmung und spätere allmähliche Entfernung von ihnen bestimmt ist. Indessen die oben dargestellten religiösen Grundgedanken seiner Theologie und ihre geschlossene wissenschaftliche Durchführung, sowie vor allem der versuchte Nachweis, dass seine Ideen zugleich die Grundgedanken der biblischen Verkündigung wie der Lehren der Reformation seien, entstand erst während der Ausarbeitung seines Hauptwerks. So kann man erst seit 1874 von einer Ritschl'schen Theologie im spezifischen Sinne reden. Erst dies Werk war auch der Anlass, dass sich ein Kreis begeisterter Schüler um ihn sammelte. Vorher war seine Theologie nicht so scharf und markant gegen verwandte Denker abgegrenzt. Dies lässt sich am charakteristischsten an seinem Verhältnis zu R. A. Lipsius nachweisen. Auf Grund wissenschaftlicher Korrespondenz und mündlicher Aussprache konnte Ritschl i. J. 1856 eine völlige Übereinstimmung mit diesem 8 Jahre jüngeren Gelehrten konstatieren. Später, im Anfang der siebziger Jahre, als Ritschl seine eigenartigen Gedankengänge über den Zusammenhang von Rechtfertigung und geistiger Weltbeherrschung in Gottvertrauen und Geduld ausbildete, im Gegensatz nicht nur zu einem weichlichen, im Wechsel von Sündengefühl und Gnade schwelgenden Pietismus, sondern auch gegen eine innige gottergebene Mystik, geriet er naturgemäss in starken Gegensatz zu Lipsius, der sich bis zu völliger Entfremdung und Gegnerschaft steigerte. Nach Ritschls Biographie (II S. 107 ff., 123 ff.) scheint es besonders die ihn in den Jahren 1871 bis 1872 beschäftigende innerliche Auseinandersetzung mit der von verwandten Voraussetzungen ausgehenden und doch andersartigen Geistesrichtung von Lipsius gewesen zu sein, an der er seine ihm immer deutlichere Gestalt gewinnenden Grundgedanken entwickelte. Die zarte, gottinnige, an Schleiermacher und den Herrenhutern genährte religiöse Mystik von Lipsius schien der auf Weltüberwindung und Thatendrang hinzielenden Religiosität Ritschls eine untergeordnete religiöse Stimmung zu sein, die im Interesse des alleinberechtigten Luthertums, wie es Ritschl verstand, bekämpft werden müsse. Indem er seinen Gegensatz gegen Lipsius und zugleich andere Anhänger der Schleiermacher'schen Mitte überscharf formuliert, bricht er in ungerechter Weise den Stab über diese für die freiere Entwickelung der deutschen Frömmigkeit segensreiche theologische Schule: „Die Verquickung pietistischer Verweichlichung und Melanchthon'scher Repristination unter der Firma der Verehrung von Schleiermacher ist das Uebel, das in diesem Kreise von Theologen gross gezogen ist.“ (Ritschls Leben II S. 113). „In der heutigen Oppositionstheologie gewahrt man nur eine trübe Mischung von pietistischen, socinianischen, mystischen und allgemein ethischen Motiven und von Phrasen.“ (Göttinger Gelehrte Anzeigen 1874 S. 1136 in der Selbstanzeige seines Hauptwerks.) So steigerte sich mit den Jahren in zunehmender Weise die Geschlossenheit des theologischen Systems A. Ritschls; zugleich trieb er sich in seiner Eigenart in einen immer schärferen Gegensatz gegen alle bisher in Deutschland vorhandenen religiösen und theologischen Strömungen hinein: nicht bloss Pietisten und Orthodoxe sondern auch Hegelianer und Schüler Schleiermachers wurden von ihm als die auszurottenden Vertreter einer ungesunden Religiosität angesehen. Für die naturgemäss von allen Seiten über ihn hereinbrechende, oft erbitterte und wiederum vielfach ungerechte Gegnerschaft entschädigte ihn eine treue und eifrige, bis zu seinem Tode eng zusammenhaltende Jüngerschar.

In seinem von Natur starken und in diesen Kämpfen sich noch immer mehr steigernden Selbstgefühl hielt er sich für berufen, der Reformator der Theologie, der Frömmigkeit und des geistigen Lebens unsrer Zeit zu sein. Von der Theologie seiner Zeit urteilte er, dass sie „ein Sumpf geworden ist und immer mehr versumpft“. (Ritschls Leben II S. 83.) Dasselbe Urteil hallte von seinen Schülern aus der ThLZ wieder: Ritschls „Rechtf. u. Vers.“ war „sofort ganz dazu angelegt, die Theologie aus dem dogmatischen Schlummer, dem sie seit Schleiermacher hingegeben war, aufzurütteln". (Bilfinger ThLZ 1885 Sp. 446.) Wie O. Ritschl (Leben A. Ritschls I S. 2) und Ecke (a. a. O. S. 22) treffend hervorheben, fehlte ihm die Elasticität der Empfindung, um sich in fremde Geistesrichtungen hineinzuempfinden und das trotz aller Gegensätze Berechtigte in ihnen herauszufühlen und anzuerkennen. Seine Polemik ist daher masslos schroff und ungerecht, besonders gegen H. Weiss, Frank, Luthardt. Während es sich z. B. Lipsius zur Aufgabe stellt, deutlich zu kennzeichnen, bis zu welchem Punkt er mit verwandten, zum Teil auch ihm entgegengesetzten Forschern zusammengehen könne, stellt Ritschl seine Anschauung in möglichst krassen Gegensatz zu allen bisherigen Meinungen. Lipsius ist darauf bedacht, den in wichtigen Punkten in der neueren Theologie sich anbahnenden consensus herauszustellen. Ritschl achtet darauf, ob seine eigentümlichen Anschauungen Anhängerschaft oder Gegnerschaft finden (R. V. III[3] Vorrede). Lipsius ist bis an sein Lebensende bemüht, von Freunden und Gegnern zu lernen und das relative Recht in ihm entgegengesetzten Richtungen herauszustellen. Ritschl wurde, mit den Jahren zunehmend, unfähiger, andersartige Geistesrichtungen und Persönlichkeiten zu verstehen. Sein Hauptverkehr in den späteren Lebensjahren waren seine treuen Schüler.

Kapitel 2.

Ritschls Abhängigkeit von der Philosophie seiner Zeit.

Im ersten Drittel unseres Jahrhunderts hatten die grossen idealistischen Systeme Kants, Fichtes, Schellings, Hegels in rascher Aufeinanderfolge das geistige Leben Deutschlands beherrscht. Zuletzt hatte Hegel in genialer Kraftanstrengung das gesamte Wissen seiner Zeit in sein System einzuspannen gewusst, gleichzeitig aber glaubte er in dem kühnen Fluge seiner Spekulation das absolute Wissen erreicht und alle Geheimnisse, die es in Gott, der Welt und dem Menschengeist giebt, enthüllt zu haben. Das eiserne Band seiner Begriffsdialektik hielt sein System geschlossen zusammen. In Ritschls Studienzeit war die Hegel'sche Philosophie noch die herrschende. Sie wurde auch für Ritschl die segensreiche Schule logischen Denkens, wenn er sich auch nie ihr völlig angeschlossen hat (Ritschls Leben I S. 48 ff.). Weit mehr Einfluss auf Ritschl übte Hegels grösster Schüler auf theologischem Gebiet Chr. F. Baur aus. Ritschl erklärte ihn i. J. 1844 für den ersten Theologen Deutschlands und bekannte dankbar, dass er erst von diesem grossen Historiker einen Begriff von Geschichte bekommen und in seinen Studien auf das Gebiet der Geschichte der christlichen Dogmen geleitet sei (Ritschls Leben I S. 55, 64). Aber im Bewusstsein des Zeitalters brach das Hegel'sche System gleichzeitig mit vielen von den Stürmen der Revolution weggefegten alten Vorurteilen zusammen. Es erfolgte eine radikale Reaktion gegen den einseitig in Philosophie und Litteratur schwärmenden Zeitgeist, dem in der schwindelnden Höhe abstrakter Spekulation der Sinn für die rauhe Wirklichkeit des Alltagslebens abhanden gekommen war. Mit Energie wandte man sich den Einzelforschungen auf allen Gebieten der Wissenschaft zu. Staunenswerte Erfolge der Naturwissenschaften führten dazu, die naturwissenschaftliche Forschungsmethode für die einzig wissenschaftliche zu erklären. So kam der Materialismus auf, der sich wie ein Mehltau auf das geistige Leben vieler senkte. Historische und philologische Kleinarbeit wurden allgemein geschätzt; und das falsche Bildungsideal, die Vielwisserei des Konversationslexikons, drang verheerend bis in die höheren Schulen ein. Nicht bloss die metaphysischen, sondern auch die jede allgemeine Weltanschauung angehenden höchsten Fragen verloren an Dringlichkeit, ja schliesslich überhaupt an Interesse. Politische, industrielle und technische Fragen beherrschten weit mehr die Gemüter. Die ungeheure Ausbreitung der Einzelforschung auf allen Gebieten liess das Wissen weit mehr in die Breite als in die Tiefe gehen. Und doch beruht alle Kultur auf Zusammenfassung und geistiger Einheit alles Wissens. Die höchsten und wichtigsten, für jede Weltanschauung wie für alle wahre Bildung entscheidenden Lebensfragen verloren immer mehr an Interesse, oder man lehnte ihre Entscheidung in vornehmer Zurückhaltung ab. Es war gewiss berechtigt, dass man gegenüber den hochfliegenden Spekulationen der idealistischen Philosophie sich wieder auf Kant zurückzog und im Anschluss an ihn unser Erkenntnisvermögen genauer untersuchte. Aber die Neukantianer blieben in den empiristisch-skeptischen Elementen der Kant'schen Philosophie stecken, ohne zu erkennen, dass die Philosophie Kants auf eine idealistische Metaphysik als den Abschluss seines Systems mit Notwendigkeit hinweise. Was bleibt aber von der Philosophie noch übrig, wenn man das, was von jeher ihre Aufgabe gewesen ist, alles Einzelwissen zu einer grossen Verstand und Herz in gleicher Weise befriedigenden Weltanschauung zusammenzufassen, aus der Reihe ihrer Aufgaben streicht? Sie ist dann nur noch dazu da, zu beweisen, dass sie überflüssig ist. Der Hauptteil ihrer Aufgabe ist der Naturwissenschaft zugefallen. Was ihr als eigentümliches Gebiet bleibt, ist die Erkenntnistheorie, und das Resultat dieser ist, dass man nichts wissen könne, weil man mit allen Erkenntnissen in der Sphäre rein subjektiver Anschauung bleibe. Die Erkenntnistheorie wird somit, um einen Ausdruck E. v. Hartmanns zu brauchen, zu einer „Ignoranztheorie", und die Geschichte der Philosophie wird eine „warnende Beispielsammlung zur Abschreckung für das metaphysische Bedürfnis zukünftiger Generationen". (Ed. v. Hartmann, Philosophische Fragen der Gegenwart, Leipzig 1885, S. 12.) Zur Religion nimmt diese Richtung meist eine skeptische oder vornehm zurückhaltende Stellung ein. Da alle Metaphysik für ein Unding erklärt ist, so können auch die religiösen Dogmen keine theoretische Wahrheit mehr haben. Allenfalls giebt man noch denen, deren Gemütsbedürfnisse nicht anders zu befriedigen sind, eine gewisse ideale Wahrheit der Religion zu, doch ohne dass man Allgemeingiltiges oder gar wissenschaftlich Beweisbares über die religiösen Wahrheiten feststellen könne. Nur F. A. Lange hat von diesem Standpunkt aus mit einer gewissen Wärme den ewigen Wert der Religion festzuhalten versucht. Er behauptet zwar, vom neukantisch-kritischen Standpunkt aus ganz konsequent, die theoretische Unwahrheit von Religion und Metaphysik. Sie gehören in das Gebiet der Dichtung, aber die Religion sei eine ideale Dichtung, die bleibende Werte schaffe, den Menschen über das Leid der Erde hinweghebe und in eine ideale, schönere Traumwelt hineinversetze (Geschichte des Materialismus II[3] S. 61 ff. 540 ff.). Dass es freilich ein Widerspruch ist, Religion als bleibende Wahrheit festzuhalten, wenn ihr doch keine Wirklichkeit entsprechen soll, das entgeht Lange vollkommen. Sein aufrichtiges Bemühen, der Religion innerhalb der neukantischen Weltanschauung eine Stelle zu erkämpfen, ist darum ebenso erfolglos geblieben, wie das Bonus'sche Suchen nach einem logikfreien Wahrheitsgebiet von vorn herein aussichtslos ist.

Von dieser Zeitströmung ist auch die Ritschl'sche Theologie

stark beeinflusst. Der radikale Gegenschlag gegen die Hegel'sche Philosophie hat auch auf Ritschl eingewirkt. Für die Hegel'sche Terminologie hat Ritschl später nur noch leisen Spott übrig (Theol. u. Metaphysik, 2. Aufl. S. 18), ohne dass er die energische Geistesarbeit jemals anerkennt, die in ihr zum Ausdruck kommt. Und seinen Gegensatz zu seinem Lehrer Baur bringt er später in der schärfsten Form zum Ausdruck (R. V. I² S. 21 ff.). Dagegen ist Ritschl durchaus abhängig von der eben geschilderten Zeitströmung, die Tröltsch (ZThK 1893 S. 500) charakterisiert als einen „erkenntnistheoretisch angehauchten Skeptizismus, der sich in der Natur und dem Geistesleben an die gegebenen Phänomene hält und darauf verzichtet, das über diese Bruchstücke hinaus oder ihnen zu Grunde liegende Sein zu enthüllen“. Ein so scharfgeschnittener, eigenartiger Charakter Ritschl auch ist, so steht er doch ganz innerhalb dieses geistigen Milieus und ist in seinen Gesamtwirkungen nur von ihm aus zu begreifen. Immer allgemeiner wird auch die Ritschl'sche Schule von Gegnern wie Freunden von dieser Zeitströmung aus beurteilt. So sagt R. Seydel (Rel.-Phil. 1893 S. 126 f.): „Wir sehen in dieser Schule die Theologie durch Hinneigungen zum empiristischen Positivismus, zu Skeptizismus und mechanistischem Materialismus, soweit es die ausserreligiöse, rein wissenschaftliche, insofern „interesselose“ Erkenntnis galt, an dem philosophischen Verfall teilnehmen, der für die jüngsten Jahrzehnte charakteristisch ist.“ Aber auch Harnack urteilt im wesentlichen ebenso, wenn er sagt (Chr W 1897 Sp. 894), „dass überall dort, wo ein gewisser theoretischer Skeptizismus in Bezug auf das theoretische Welterkennen herrschend geworden ist, die Ritschl'sche Theologie als das geistige Komplement zu einer gern festgehaltenen Kirchlichkeit Dienste leisten kann“. Durch die eigenartige Stellung, die Ritschl innerhalb dieser Zeitrichtung einnahm, ist eine ganz neue Gruppierung der Gegensätze hervorgerufen. Bisher stand es fest, „dass die idealistische Metaphysik und der christliche Glaube innerlich wahlverwandt sind“. (Tröltsch ZThK 1893 S. 514.) Wohl ist die Religion ein selbständiges Gebiet, das unabhängig von aller Philosophie sein eigentümliches Leben hat. Sie lebt nur in denen, die auf Gottes Stimme in ihrem Innern lauschen und seine Offenbarungen in Natur und Geschichte verstehen. Aber wissenschaftlich lässt sich Religion nur festhalten und verteidigen, wenn Materialismus und Skeptizismus innerlich überwunden sind durch eine Denkweise, welcher die Erkenntnis des geistigen Lebens, seiner Inhalte und Werte das höchste Ziel aller Philosophie ist. Nicht bloss Hegel, Biedermann und Pfleiderer sprechen hierfür, sondern auch bei Philosophen und Theologen wie J. A. Dorner, A. Dorner, Rothe, Lotze, Weisse, Teichmüller, R. Seydel ist dies die selbstverständliche Voraussetzung. Und von den verschiedensten Seiten, wie von Frank, L. Stählin, Ed. v. Hartmann, J. A. Dorner, A. Dorner ist es ausgesprochen worden, dass von der Basis des neukantischen Empirismus aus prinzipiell und konsequent eine Anerkennung religiöser Wahrheiten unmöglich sei, weil ihre objektive Realität stets zweifelhaft bleiben müsse.

Die Ritschl'sche Theologie hat darin ihre Eigentümlichkeit, dass sie das Gegenteil zu erweisen sucht. Von dem Boden eines Empirismus oder Positivismus oder Skeptizismus aus, die bisher meist religionsfeindlich oder gleichgiltig gewesen waren, suchen Ritschl und seine Schüler auf verschiedenen Wegen zu einer energischen positiven Würdigung nicht nur der Religion sondern auch der Kirche zu gelangen. Dabei geschieht das Eigentümliche, dass die bisherigen Verteidiger der christlichen Weltanschauung, die mit den idealistischen Philosophen Hand in Hand gehen, mit einer oft geradezu an Fanatismus grenzenden Heftigkeit bekämpft werden. Während bisher in der spekulativen Theologie und Philosophie die Denkprobleme des christlichen Glaubens die erste Stelle eingenommen hatten, wird es jetzt geradezu als ein Verrat am christlichen Glauben betrachtet, wenn man seine Probleme in Zusammenhang bringt mit den Fragen des philosophischen Erkennens. Die Religion wird allein nach der Seite hin angesehen, dass sie dem Streben nach Selbstbehauptung im Lebenskampf durch höhere Hilfe dienlich ist, dass sie ein überweltliches Gut darreicht. Die Denkprobleme in der Religion werden gegenüber dieser praktischen Seite der Religion vollständig zurückgestellt. Es wird nicht zugegeben, dass das Erkenntnismoment in der Religion ein relativ selbständiges sei und sich daher auch verselbständigen und in Wechselwirkung mit aller ausserreligiösen Erkenntnis treten könne, wie dies thatsächlich aus der Geschichte der gesamten Theologie und Philosophie deutlich wird. Das religiöse Erkennen soll vollständig beherrscht werden von dem Streben des Menschen nach Selbstbehauptung, nach Lebensgütern. Es solle sich nur auf solche Gegenstände und auch nur genau so weit auf sie richten, als sie diesem praktischen Streben des Menschen förderlich sind. Ja Herrmann geht soweit zu behaupten, dass in der Religion ein anderer Begriff von Wirklichkeit und Wahrheit herrsche als in der Wissenschaft. In der Wissenschaft sei nur das Erklärbare wirklich, in der Religion das, was dem Selbstgefühl und seinem affektvollen Streben, sich in der Welt zu behaupten und durchzusetzen, förderlich ist. Und doch hat die Philosophie von jeher ein enges Verhältnis zur Religion gehabt. Religiöse Mythologie und philosophische Spekulation sind in den alten Kosmogonieen der Babylonier, Assyrer, Hebräer (Gen. 1), bei Hesiod eng verbunden; und in den griechischen Philosophen von Thales an, besonders auch bei Plato, waltet ebenso sehr ein religiöser wie ein wissenschaftlicher Trieb. Dies enge Verhältnis beider ist auch ganz naturgemäss. Wenn die Philosophie alle Erzeugnisse menschlichen Geisteslebens zu begreifen sucht, so muss sie auch der Religion ihre Stelle innerhalb des allgemeinen Kulturlebens zuweisen. Andrerseits, wenn in der Religion der Mensch Gott und seine Offenbarungen nicht nur zu empfinden, sondern auch zu erkennen sucht, so wird diese Erkenntnis in Berührung, Verwandtschaft und Auseinandersetzung mit aller philosophischen Erkenntnis kommen. (Vgl. dazu auch Wundt, System der Philosophie, Leipzig 1889, S. 3ff.) Das Grosse in den gewaltigen Systemen eines Schelling und Hegel war es, dass sie den Bedürfnissen des wissenschaftlichen Erkennens und des religiösen Empfindens, des Verstandes wie des Gemüts in gleicher Weise gerecht zu werden suchten. Und das Verlangen der Kultur nach Einheit des geistigen Lebens, nach Zusammenfassung des Einzelnen, nach einer höheren Synthese der Gegensätze von Religion und Wissenschaft wussten sie in ihrer Weise zu erfüllen.

Ritschl vermag die in der Geschichte zu allen Zeiten hervorgetretene enge Verwandtschaft von Philosophie und Religion nicht zu leugnen, aber er sucht sie als eine Verirrung des menschlichen Geistes hinzustellen; und in philosophischer Hinsicht ist es sein Hauptbestreben, diese in der neueren Theologie besonders deutliche Verbindung beider Geisteserscheinungen als eine begriffswidrige zu lösen.

Da Ritschl selbst kein systematischer philosophischer Denker war, sondern nur von gelegentlichen Anleihen bei philosophischen Denkern lebte, so hat er in drei verschiedenen, unter einander nicht übereinstimmenden Anläufen die Verbindung von Philosophie und

Religion zu lösen gesucht. (Vgl. 2. Abschnitt Kap. 2.) In strengerem systematischen Zusammenhang haben Herrmann und Kaftan dasselbe Ziel zu erreichen gesucht. Unter sich und mit Ritschl nur einig in der Tendenz, Theologie und Philosophie scharf von eineinander zu scheiden, erreichen sie auf verschiedenen Wegen dies Endziel. Ihre Uebereinstimmung unter einander zeigt sich in vier Punkten: 1) In der starken Abhängigkeit von neukantischen bezw. positivistischen Denkern. 2) Infolge dessen befolgen sie in der Philosophie wie in der Theologie einen Empirismus; sie halten sich streng an das in der Erfahrung Gegebene. Alle über die Erfahrung hinausgehenden Spekulationen werden verworfen. In der Theologie folgt hieraus eine Beschränkung auf das praktisch Wertvolle, die Abweisung aller über die Erfahrung hinausgehenden Denkprobleme. 3) Die Leistungsfähigkeit der Philosophie wird überhaupt stark herabgedrückt; sie wird auf die Erkenntnis des Einzelnen beschränkt. Metaphysik ist ein Unding. 4) Theologie und Philosophie wird scharf geschieden. Der Grundunterschied liegt darin, dass alle religiösen Urteile praktischen Wert für das Subjekt haben, während die Philosophie eine rein theoretische Erkenntnis erstrebt. (Kaftan unterscheidet ebenso scharf vielmehr theoretische Wissenschaft einerseits und praktische Philosophie und Theologie andrerseits.)

Die Vorzüge dieser Denkweise sind: Philosophie und Theologie halten sich streng an die Erfahrung; die den Boden der Wirklichkeit verlierenden spekulativen Gedankenkonstruktionen werden vermieden. Die Theologie erhält dadurch einen praktischen Zug, der die direkte Anwendung auf die Gemeindebedürfnisse erleichtert. (Vgl. Ritschl R. V. III³ S. 573: „Man soll aber in die Dogmatik nichts aufnehmen, was nicht in der Predigt und in dem Verkehr der Christen unter einander verwertet werden kann.")

Die besonders hervorstechenden Mängel sind: 1) Es wird vernachlässigt, dass alle Erfahrungswissenschaften mit ihren letzten Prinzipien über das in der Erfahrung Gegebene hinausweisen und zu metaphysischen Lösungsversuchen Anlass geben. 2) Es wird übersehen, dass nicht bloss die Religion es mit praktischen Werten zu thun hat, sondern dass auch die theoretische Philosophie bei ihrem Versuch, das Ganze der menschlichen Geisteserzeugnisse zu umspannen, auf Geistesideale und Güter stösst, zu denen sie Stellung zu nehmen hat. 3) Es kommt nicht zur Geltung, dass die Religion, wenngleich sie nicht aus theoretischer Weltbetrachtung hervorgeht, doch eine theoretische Seite hat, die in inniger Wechselwirkung zum theoretischen, wissenschaftlichen und philosophischen Erkennen steht. Die Selbständigkeit der Religion wird zwar aller Philosophie gegenüber mit Recht hervorgehoben, aber sie wird isoliert und darum in ihrer fruchtbaren Wechselwirkung zu aller Kultur nicht erkannt. Die Gefahr liegt nahe, dass, entgegen den Absichten der Ritschl'schen Schule, die Religion vielmehr als etwas weniger Wirkliches oder minder Begründetes den weltlichen Wissenschaften gegenüber erscheint.

Kapitel 3.

Ritschls Stellung innerhalb der modernen Kultur.

Religion sowohl wie Philosophie sind Mächte, die nicht bloss für sich ihre eigentümliche Lebenskraft haben, sondern auch in Wechselwirkung zu dem Gesamtleben ihrer Zeit stehen. Aus dem innigen Zusammenhang, in dem sie zu dem geistigen Leben der Zeit stehen, ja deren wichtigsten Bestandteil sie selbst bilden, beweisen sie ihre Bedeutung für die Gesundheit des Volkslebens. Die Philosophie wird um so mehr Beachtung finden, je mehr sie, wie dies z. B. das Hegel'sche System in seiner grossartigen Architektonik versuchte, das geistige Gesamtwissen der Zeit zu umspannen und nachzuweisen versucht, welche Bedeutung jede einzelne Wissenschaft für die Kultur im ganzen habe. Je mehr dagegen die Philosophie sich verliert in weltabgewandte metaphysische Spekulationen, deren Zusammenhang mit der erkennbaren Wirklichkeit undeutlich wird, oder je mehr sie sich in unfruchtbare erkenntnistheoretische Kleinkrämerei oder philosophiegeschichtliche Detailforschung verliert, um so mehr wird man sie den Spezialisten überlassen. Allgemeinere Beachtung wird sie nur finden, insofern sie nachweist, welchen Beitrag das einzelne Wissen für die Gesamtweltanschauung leistet.

Nicht anders ist es mit der Religion. Sie ist zwar das innerste, persönlichste Eigentum des Menschen, das in stillen Stunden ihm Ruhe, Trost und Kraft giebt; sie ist insofern Privatsache. Aber trotzdem hat sie eine alle Lebensverhältnisse wie alle Gemeinschaften durchdringende Kraft. Sie hat sich in den alten Volksreligionen als das mächtigste, die Stämme zusammenhaltende Band erwiesen. Sie hat über den einzelnen sich befehdenden Völkern den Gedanken der Einheit des Menschengeschlechts, des allgemeinen Weltfriedens aufgestellt und kämpft noch an seiner Durchführung. Sie hat die Menschen zu blutigen Religionskämpfen entflammt, und wiederum hat sie in die Leidenschaften der Kriegsfurie die Gedanken der Menschenliebe als Linderungsmittel hineingeworfen. Die Religion ist als Mittel verwendet worden, das soziale Emporstreben der unterdrückten Klasse zu hindern, und sie hat wieder in Revolutionen geistige Waffen und Kampfmittel den Parteien an die Hand gegeben. Die Religion hat dem Denken, der Philosophie neue gewaltige Antriebe gegeben und wiederum hat sie das Denken zu unterjochen, das freie Forschen zu hindern gesucht. Diese Thatsachen beweisen, dass es kein geistiges Gebiet giebt, das die Religion nicht zu durchdringen versuchte. Sie giebt dem politischen, sozialen, wissenschaftlichen Leben, der Poesie und Kunst neue fruchtbare Antriebe. Kurz sie ist der wichtigste Bestandteil der Kultur. Ohne Gesundheit der Religion giebt es keine Gesundheit der geistigen Kultur; und wieder: wenn die religiösen Fragen in einem Volk an Interesse und Dringlichkeit verlieren, leidet die Kultur des Volkes Schaden. Nun giebt es Zeiten, in denen die Religion in ungebrochener Einheit mit dem Volksleben im Mittelpunkt stand, so in den alten Volksreligionen und im Mittelalter. Wiederum giebt es Zeiten, in denen der Kampf um die Religion den Mittelpunkt des Volkslebens bildet, so in der Reformationszeit; vielleicht gehen auch wir einer ähnlichen Periode entgegen. Dann wieder kommen Zeiten, in denen das religiöse Interesse merklich hinter anderen zurücktritt. So nennt F. A. Lange (Gesch. d. Materialismus I S. 180) das 17. Jahrhundert das naturwissenschaftliche, das 18. das philosophische, während er das 16. das theologische genannt hat. Chr. F. Baur (Kirchengesch. d. 19. Jhdrts.) fand, dass das Vorwiegen der schöngeistigen Interessen zur Zeit unserer klassischen Litteratur der Religion schädlich gewesen sei, weil der Mensch seine höchsten Ideale in jener gefunden habe. Indessen war doch die klassische Litteratur nicht direkt der Religion feindlich. Sie berührte sich vielmehr vielfach mit ihr. So war die Zeit der klassischen Litteratur und der aus ihr hervorgegangenen ästhetisch-humanistischen Weltanschauung und der idealistischen Philosophie im allgemeinen durchaus nicht dem Christentum feindlich. Das Christentum bildete meist ein geistiges Ferment dieser Weltanschauung, und religiöse Fragen standen an der Tagesordnung.

Anders ist es seit dem 2. Drittel unsers Jahrhunderts geworden. Die prinzipiell antireligiöse Strömung, die im Materialismus des 18. Jahrhunderts noch nicht allgemeinere Verbreitung gefunden hatte, kam zum stürmischen Ausbruch bei den Junghegelianern. Doch direkte Befehdung der Religion kann ihr nur nützen, da sie ein Zeichen ist, dass das religiöse Problem den Menschen nicht ruhen lässt, sondern zum Kampfe für oder wider ansporut. So kann z. B. heute die Nietzsche'sche Philosophie im letzten Grunde nur nützlich wirken, insofern sie viele aus der trägen Ruhe und Sicherheit einer hausbackenen Alltäglichkeit aufweckt und das Lebensproblem, das zugleich das Religionsproblem ist, mit gewaltiger Kraft in die Menge wirft. Weit verderblicher als der Schlachtruf: „Reisst die Kreuze aus der Erden!" war die Erschlaffung des religiösen Sinnes überhaupt, die Abwendung des Zeitalters von den höchsten Fragen, die im 18. und ersten Drittel des 19. Jahrhunderts im Vordergrunde gestanden hatten. Der gewaltige Aufschwung der Naturwissenschaften, die Fortschritte der Industrie, der Technik, des Verkehrswesens, das gewaltige Ringen um Deutschlands Einheit und Freiheit liessen die Menschen vergessen, dass die tiefsten Fragen doch nicht von aussenher, durch die Erforschung der Natur oder die Neugestaltung des Staatslebens gelöst werden können, sondern dass sie im Inneren jedes Menschengemüts zuerst ihre Erledigung finden müssen. Sonst bezwingt die Natur, zu deren Erforschung und Bewältigung der Menschengeist seine Kraft und Liebe verwandt hat, das Persönlichkeitsleben in der Lehre des Materialismus, dass das geistige Leben nur eine Erscheinungsform des materiellen Seins sei. Erst in neuerer Zeit beginnt die religiöse Frage im Zusammenhang mit der sozialen Frage immer dringlicher zu werden. Immer allgemeiner wird die Einsicht, dass der tiefste Kern der sozialen Frage eine ethisch-religiöse ist, das Verlangen des vierten Standes nach geistiger Befreiung, nach Menschenrecht und Achtung ihrer Persönlichkeit, und dass die soziale Frage ohne die grösste sozial versöhnende Weltmacht, die Religion, nicht zu lösen ist.

Die Signatur unsrer Zeit seit dem 2. Drittel des 19. Jahrhunderts ist noch immer wesentlich die des Auseinanderfahrens aller Interessen, der geistigen wie der materiellen. Die Wissenschaft zersplittert sich in Detailforschungen und es besteht keine geistige Gemeinschaft zwischen den Arbeiten auf den verschiedenen Gebieten. Die Naturwissenschaft rühmt sich ihrer Exaktheit gegenüber den Geisteswissenschaften, und diese wieder sehen auf das Gebiet der Natur wie auf etwas niederes herab. Und wiederum die Spezialisten auf allen Gebieten verstehn einander nicht mehr. Ebenso stehen die Berufs- und Standesinteressen sich schroff oder, was noch verderblicher ist, verständnislos gegenüber. Und die beiden Mächte, die im geistigen Leben das meiste zur Verständigung und Versöhnung der Gegensätze beizutragen vermögen, Philosophie und Religion, haben selten so sehr darniedergelegen wie in dieser Periode unseres geistigen Lebens. Erst neuerdings regen sich in beiden gleichzeitig Keime neuen Lebens.

Einen grossen Teil der Schuld an dem Verfall der Religion trug auch die Theologie und Kirche. Sie verlor die Fühlung mit dem geistigen Leben des Volks mehr und mehr. Dies war erklärlich: Je mehr die geistigen Interessen des Volks auseinandergingen und sich zersplitterten, um so mehr fehlte der Einheitspunkt, an den man anknüpfen konnte. Die Kirche erstarrte in der Behandlung spezifisch theologischer, kirchlicher, konfessioneller Fragen, die für weitere Kreise kein Interesse beanspruchen konnten. Nietzsche, der wie wenige ein Gefühl für das Zerfallen unsrer Kultur hatte, sprach das charakteristische Wort aus: „Wer aber kümmert sich jetzt noch um die Theologen — ausser den Theologen?" (Menschliches, Allzumenschliches 1878, S. 31.) Die grössten Theologen unseres Jahrhunderts, wie Schleiermacher, C. I. Nitzsch, R. Rothe, A. Ritschl waren nichts weniger als volkstümliche Gestalten. Das Gefühl, dass es anders werden müsse, dass das Christentum weit mehr unser Volksleben durchdringen und ein Ferment unserer geistigen Kultur bilden müsse, durchdrang weite Kreise. Edle Absichten waren es, in der sich vor allem Schüler Schleiermachers zur Bildung des Potestantenvereins vereinigten. Versöhnung des Christentums mit der Kultur und Belebung der Gemeinden waren die schönen Ziele, die sie erstrebten. Warum haben sie so wenig erreicht und meist nur Undank geerntet? Sie wendeten sich zu ausschliesslich an die Gebildeten, an die oberen Zehntausend, sie trafen nicht den Ton volkstümlicher Religion, sie hatten wohl ein Verständnis und Mitgefühl mit dem Ringen des modernen Menschen um die Weltanschauung. Aber sie überschätzten die Bedeutung dieser religiösen Verstandesprobleme, überschätzten oft auch die Bedeutung der historischen Bibelkritik. Es ist doch immer nur eine Minderzahl von Menschen, die von diesen Zweifeln gequält wird. Und Religion lebt noch nicht da, wo diese Zweifel gelöst werden; erst eine Vorbedingung ihres Lebens ist damit geschaffen. Die Ziele des Protestanten-Vereins waren zu ausschliesslich auf die akademisch Gebildeten zugeschnitten. Eigentlich volkstümlich konnte er daher nicht werden. Erst in neuerer Zeit ist es durch die grössere Ausbreitung der sozialen Bewegung deutlich geworden, dass die weitesten Kreise unseres Volks von ganz anderen Fragen beherrscht werden, als sie von den Führern des Protestantenvereins aufgeworfen und zu lösen versucht wurden.

Ritschl selbst war von einer starken Abneigung gegen diesen Kreis von Theologen beseelt, obwohl er mit einzelnen dieser Männer wie Rothe, Lipsius, Holtzmann persönlich befreundet war. Man mag seine starke Antipathie gegen Schleiermacher und den Einfluss Schleiermachers auf die Folgezeit als Grund dafür anführen, ferner seine noch stärkere Abneigung gegen Hegel und die Spekulation sowie gegen die historisch-kritische Schule Baurs; man kann ferner Ritschls konservativere Stellung zu den Schriften des Neuen Testaments, endlich seinen instinktiven Widerwillen gegen alle kirchenpolitische Agitation ins Feld führen. Der tiefste Grund war doch, dass Ritschl nicht bloss eine neue, eigene Theologie, sondern ein neues Frömmigkeitsideal zu haben glaubte, durch das er seiner Zeit den rechten Weg weisen wollte. Hierin glaubte er mehr zu haben als die Repristinationstheologen, mehr auch als die Oppositionstheologen, bei denen er in starker Unterschätzung ihrer Bedeutung „nur eine trübe Gärung von pietistischen, socinianischen, mystischen und allgemein ethischen Motiven und von Phrasen“ gewahrte. Welche Stellung hat nun aber Ritschl innerhalb der eben geschilderten modernen Kulturbewegung?

Die Ritschl'sche Theologie nimmt teil an der Auflösung der einheitlichen Kultur in divergierende Einzelbestrebungen. Die Theologie zieht sich auf ihr besonderes Gebiet zurück und leistet auf diesem Grosses. Die Zusammenhänge mit dem grossen Ganzen der Wissenschaft bleiben unbeachtet. Die Theologie bildet ohne Rücksicht auf alle übrige Wissenschaft ihre eigentümliche Methode aus und fordert für diese Anerkennung. Nach Ritschl soll in der

Theologie eine besondere Art von Urteilen (Werturteile) gelten; nach Herrmann gilt hier ein besonderer Begriff von Wahrheit und Wirklichkeit. Gottschick (Artikel „Theologie“ in Herzogs R. E.[3] XV, S. 419 ff.) sucht den Gedanken einer Universalwissenschaft, in welche die einzelnen Wissenschaften sich organisch eingliedern, als einen unmöglichen hinzustellen; er hebt damit im letzten Grunde die Einheit unserer Vernunft auf. Nur im Subjekt, nicht im Gegenstande des Erkennens soll nach Ritschl und seiner Schule sich die Welt der Religion mit der Welt der Wissenschaft berühren. Diese Trennung ist aber unmöglich, solange man festhält, dass die Religion es nicht mit einer Traumwelt sondern mit einer thatsächlich existierenden Welt zu thun hat. Dann muss dieselbe auch mit aller durch Wissenschaft erkennbaren Welt in Zusammenhang stehen. Hinfällig ist auch der Einwand, die Welt des religiösen Erkennens müsse darum mit allem wissenschaftlichen Welterkennen unverworren bleiben, weil das religiöse Subjekt mit ganz besonderem Gemütsinteresse an ihr hängt, während das wissenschaftliche Erkennen ein kühles, durch Gemütspostulate unbeeinflusstes sei. Denn 1) das Gemütsinteresse, mit dem der Mensch in der Religion an seinem Gott hängt, darf nicht kühles, theoretisches Nachdenken unmöglich machen. 2) Auch das Welterkennen wird mit Notwendigkeit dazu geführt, höhere Werte und Ideale zu beurteilen. Es folgt daraus, dass die Welt der Religion und die Welt der Wissenschaft sich nicht bloss in dem Subjekt, sondern auch in ihrem Objekt berühren und durchdringen. Die Gotteserkenntnis ist demnach der Mittelpunkt alles wissenschaftlichen Erkennens und verhält sich zu aller Einzelerkenntnis in der Wissenschaft wie das Zentrum zur Peripherie. Die Stellung der Ritschl'schen Theologie in allen ihren Formen zur modernen Kultur hat darin ihre Eigenart, dass sie diese enge Verbindung des religiösen Erkennens mit allem sonstigen Erkennen zu lösen sucht. Sie bringt damit einen Riss in die Einheit unsrer Kultur hinein. Die Religion wird so ausschliesslich auf die praktische Seite des menschlichen Geisteslebens, auf das Streben nach Selbstbehauptung, nach Lebensförderung gestellt, dass das Erkennen in der Religion diesem Streben vollständig unterthan sein soll. Das theoretische Moment in der Religion soll sich nie verselbständigen und auch niemals Verbindungen mit allem sonstigen Erkennen eingehen können. Die Geschichte aller Religion beweist nun aber, dass beides von jeher geschehen ist. Es liegt daher nahe zu behaupten, dass dies keine Verirrung, sondern eine normale Erscheinung des menschlichen Geisteslebens ist.

Dasselbe ergiebt sich aus einem Blick auf das Gesamtgebiet der Theologie. In der Exegese der biblischen Schriften giebt es keine besondre theologische Methode mehr, sondern die Exegese besteht in der Anwendung der allgemeinen philologischen Grundsätze auf den besondern Fall. Die kirchengeschichtliche Forschung steht in engem Zusammenhang und Wechselwirkung zu der Profangeschichte. Sollte allein das Gebiet des Wahrheitserkennens in der Religion ein noli me tangere für alle Philosophen sein? Ist nicht auch hier vielmehr die Teichmüller'sche Forderung berechtigt, dass jedem Forscher ein Freipass zum Eintritt in dies Gebiet gewährt werde? (Rel. Phil. S. 526). Ritschl freilich meint (R. V. III³ S. 24), dass die christliche Weltanschauung notwendig verkürzt werde und bisher stets verkürzt worden sei, wenn man sie in Einklang mit dem philosophischen Idealismus setze. Wenn dies auch oft genug der Fall gewesen sein mag, lässt sich doch nicht einsehen, warum dies notwendig eintreten muss. Und lässt sich nach den trefflichen Analysen der Gedankenwelt Jesu bei Eucken (Die Weltanschauungen der grossen Denker) und bei Siebeck (Religionsphilosophie) noch länger behaupten, dass eine solche Verkürzung notwendig eintreten müsse? Mit vollem Recht hat z. B. Lipsius in seiner ersten Periode (bis 1879) (PrKZ 1873 Sp. 166) hervorgehoben, dass keine andere Anforderung an den Forscher auf dem Gebiete der Religion gestellt werden dürfe als wie sie auf allen andern Gebieten gelte, dass er nämlich erfahrungsmässige Kenntnis von seinem Gegenstande habe.

Ritschl zieht somit auf dem Gebiete des Erkennens einen Riss durch unsere Kultur hindurch. Auf einem andern Gebiete ist dagegen seine Theologie überaus kulturfreundlich, auf dem Gebiete praktischer Thätigkeit. Während auf dem Gebiete des Erkennens eine unüberbrückbare Kluft zwischen religiösen und wissenschaftlichem Erkennen bestehen blieb, ist auf dem Gebiete der Ethik, des praktischen Handelns der Dualismus aufgehoben. Jede treue Berufserfüllung, in welchem Stande es auch sei, ist nicht bloss ethisch wertvoll, sondern direkt eine Mitarbeit an dem höchsten Zweck Gottes mit der Welt, dem Reiche Gottes. Hier unterscheidet Ritschl kein spezifisch wertvolles religiöses Handeln von allem sonstigen für weltliche Kulturzwecke wichtigen Handeln. Sondern alle Kulturarbeit in Familie, bürgerlicher Gesellschaft, im Staat ist gerade, insofern sie in ihrer weltlichen Sphäre sich wertvolle Zwecke setzt, zugleich Mitarbeit am Reiche Gottes. Das Reich Gottes ist somit das Zentrum, alle sittliche Einzelarbeit die Peripherie. Die Folgerung, dass es sich auch auf dem Gebiete des Erkennens ebenso verhalten dürfte: die Gotteserkenntnis das Zentrum, alle wissenschaftliche Einzelerkenntnis die Peripherie, wird von Ritschl nicht gezogen. Es zeigt sich hierin zugleich der Zusammenhang Ritschls mit den praktisch gerichteten Tendenzen seiner Zeit. Die Fragen der höchsten, alles umfassenden Erkenntnis hatten an Dringlichkeit verloren, dagegen sucht sich die Theologie in dem realistischen Zeitalter mit dem praktischen Streben des Menschen nach Herrschaft über die Natur und nach Gewinnung von Kulturgütern zu befreunden. Im Gebiete des Erkennens kulturfeindlich, im Gebiete des praktischen Handelns kulturfreundlich, das ist die Signatur der Theologie Ritschls. Auf dem Gebiete des theoretischen Erkennens wird nur gerade soviel Philosophie von Kant oder von Lotze oder von Comte und J. St. Mill herübergenommen, um zu beweisen, dass die Philosophie nichts erreichen könne. Auf praktischem Gebiete werden dagegen die Pforten des Reiches Gottes weit aufgethan, sodass die ganze moderne Technik, Naturwissenschaft und Kulturbewegung ihren Einzug halten kann. — Bemerkenswert ist aber, dass Ritschl die Bedeutung der sozialen Bewegung unsrer Zeit nicht im mindesten erfasst hat. (Vgl. seine Prorektoratsrede v. J. 1887.) Dagegen haben viele seiner Schüler das Verdienst, diese Frage in ihrer Dringlichkeit und Wichtigkeit erkannt zu haben.

Kapitel 4.

Ritschls Stellung zu den theologischen Parteien.

Die starke Abneigung Ritschls gegen die liberale Theologie war, wie im vorigen Kapitel dargestellt, vor allem dadurch bedingt, dass Ritschl eine andre Auffassung vom Verhältnis des Christentums zur Philosophie, zum Welterkennen hatte. Er glaubte, das Christentum werde verkürzt durch die Art, wie in diesen Kreisen die Versöhnung von Christentum und Kultur erstrebt wurde. Die Abweisung der Philosophie musste ihn mit Notwendigkeit in die Nähe Schleiermachers und der ihm folgenden Theologen, wie A. Schweizer, R. A. Lipsius führen. Hier wurde mit Ausschluss aller Philosophie die Glaubenslehre allein auf die christliche Erfahrung gegründet. Wie ungemein viel Verwandtes Schleiermacher und Ritschl haben, ist neuerdings auch von Schülern Ritschls hervorgehoben worden. H. Scholz (ChrW 1897 Sp. 610) bemerkt, ihre Verwandtschaft sei grösser als ihr Widerspruch. In drei wichtigen Punkten springt vornehmlich die Verwandtschaft beider in die Augen:

1. In der versuchten Abweisung aller Philosophie, die doch bei beiden naturgemäss nicht streng eingehalten werden konnte.

2. Der Schleiermacher'sche Satz, Glaubenssätze seien christliche Gemütserfahrungen in der Rede dargestellt, entspricht dem Ritschlschen, dass das religiöse Erkennen in Werturteilen verlaufe; denn Werturteile beruhen auf Gemütserfahrungen.

3. Die zentrale Stellung der Person Christi ist bei Schleiermacher und Ritschl eine analoge. (Vgl. bes. Schl.s Sendschreiben über seine Glaubenslehre. Werke zur Theol. II S. 588ff., 627ff.)

Es ist auffällig, wie Ritschl trotzdem in diesen wichtigen Punkten seine Uebereinstimmung und seinen Rückgang auf Schleiermacher nirgends ausdrücklich hervorhebt. Die wichtigsten Gedanken Schleiermachers waren wohl schon so sehr Allgemeingut geworden, dass es in Vergessenheit geraten konnte, von wem sie herrühren. Dagegen lässt sich bei Ritschl eine starke Abneigung gegen Schleiermacher und ein ungünstiges Urteil über die Nachwirkungen Schleiermachers auf die Folgezeit feststellen. Er behauptet, dass Schl.s Glaubenslehre, auf die man bisher immer die Erneuerung der Dogmatik in unserm Jahrhundert zurückgeführt hat, „nicht die Eigenschaften in sich trägt, durch welche eine gesunde Entwicklung hätte begründet werden können, und dass seine traditionelle Wertschätzung durch allerlei feststehende Selbsttäuschungen bedingt ist.“ (R. V. I³ S. 540.) Noch deutlicher heisst es in einem seiner Briefe: „Ich bezweifle, dass Schleiermacher überhaupt unbedingt einen Fortschritt über alles Vorhergegangene, insbesondere über Kant repräsentiert.“ (Ritschls Leben II S. 82.) Besonders charakteristisch ist Ritschls Schrift über „Schleiermachers Reden über die Religion und ihre Nachwirkungen auf die evangelische Kirche

Deutschlands.“ (Bonn 1875.) Er bringt hier alle Schäden, die in der Kirche der Gegenwart hervorgetreten sind, in eine zum Teil etwas künstliche Verbindung mit dem Namen Schleiermacher, vergisst aber hervorzuheben, wie viel die Gegenwart diesem reichen Geiste zu danken habe.

Der Grund für die auffallende Abneigung Ritschls gegen Schleiermacher liegt einmal darin, dass die weiche mystisch-ästhetische Art Schleiermachers Ritschl unsympathisch war. Er vermisst bei Schleiermacher die kräftigen Grundgedanken seiner eignen Religiosität, die Beziehung der Erlösung auf das Reich Gottes (vgl. R. V. III[3] S. 9) und die thätige Berufsarbeit in ihm, die Zweckbeziehung der Rechtfertigung auf die Weltüberwindung, den Vorsehungsglauben und die christliche Freiheit. Eben dasselbe vermisste er auch an Schleiermachers Nachfolgern. So urteilte er über diese Richtung (mit besonderer Beziehung auf Lipsius): „Die Verquickung pietistischer Verweichlichung und Melanchthonischer Repristination unter der Firma der Verehrung von Schleiermacher ist das Uebel, das in dem Kreise der Theologen gross gezogen ist.“ (Ritschls Leben II S. 113.) Vgl. oben S. 17.

Ritschls Abneigung gegen die liberale Theologie brachte ihn der strenger biblischen Richtung näher. Seitdem er mit der kritischen Schule Baurs gebrochen hatte, schloss er sich enger an den Kreis der sog. Unionstheologen an, die in den Jahrbüchern für Deutsche Theol. seit 1856 ihr Organ hatten. Er rechnet sich selbst i. J. 1854 zu diesen, urteilt aber über die Union: „Sie muss andere Führer haben, sie kann aber nur solche brauchen, welche eine Dogmatik produzieren, welche in Straffheit der Form der alten Dogmatik gewachsen und an Verständnis der Offenbarung und der Schrift ihr überlegen ist.“ (Ritschls Leben I S. 437.) Diese Aufgabe suchte er selbst in seinem Leben zu leisten. Mit der strengen biblischen Richtung, wie sie etwa in Hofmanns „Schriftbeweis“ vertreten ist, verband ihn die Ueberzeugung, dass die Dogmatik auf biblische Theologie zu gründen sei. Ja im Grunde hat die Dogmatik nach Ritschl keine andere Aufgabe als die Gedankenwelt der neutestamentlichen Schriften unter dem einheitlichen Gesichtspunkt der Offenbarung Gottes in Christus von dem Standpunkt des innerhalb der Gemeinde Christi stehenden Gläubigen darzulegen. Ritschl selbst ist fest überzeugt, dass sein eigenes theologisches System ein getreues Abbild der Verkündigung Jesu und seiner

Apostel sei. Er befindet sich in starker Selbsttäuschung über die wesentliche Abweichung seiner eigenen Gedankenwelt von der der biblischen Schriften. Der Schein einer wesentlichen Uebereinstimmung der Ritschl'schen Theologie mit der biblischen, besonders auch paulinischen Verkündigung wird durch eine gewaltsame Exegese hervorgerufen, deren Tendenzen meist versteckt, aber um so wirksamer sind. Er geht meist von dunklen, schwierigen Stellen aus, die allenfalls in dem ihm von vornherein feststehenden Sinne verstanden werden können und schreitet dann „mit diesem Resultat ausgerüstet“ zur Umdeutung klarer ihm entgegenstehender Stellen. Besonders auffällig ist seine Wegdeutung des juridischen Hintergrundes der paulinischen Versöhnungslehre. Ritschl erreicht dies, indem er behauptet, die alttestamentliche Opferidee sei grundlegend für die ganze paulinische Versöhnungslehre. Aus der Opferidee aber beseitigt er alles, was wie stellvertretende Sühne, symbolischer Strafakt aussieht. Das Opferritual sei nichts als eine Kundthuung des Gnadenwillens Gottes, Sünde zu vergeben. Alle sonstigen Deutungen des Versöhnertodes Christi bei Paulus sucht Ritschl zu beseitigen. Der Gesetzesfluch, von dem Christus nach Gal. 3, 13 die Menschheit losgekauft habe, sei durchaus nicht ein Fluch, den Gott verhängt habe, sondern er sei nach einer apokryphen Deutung des Alten Testaments von Engelmächten verhängt. (R. V. II³ S. 247 ff.) Die deutliche Vorstellung des Kaufpreises (1. Cor. 6,20, 7,23) wird durch die Behauptung beseitigt, dies Bild dürfe nur „als Motiv der Stimmung und nicht als eine theoretische Auskunft aufgefasst werden“. (R. V. II³ S. 257.) Die mystische Deutung der Heilswirkung des Kreuzestodes Christi (Röm. 6) ist Ritschl nicht genehm. Er sucht sie zu beseitigen durch die Erklärung, sie stelle „starke Ansprüche an unsere Einbildungskraft“. (II³ S. 228 ff.) So zeigt sich überall, wie Ritschl die paulinische Gedankenwelt nicht unbefangen auffasst, sondern von der ihm genehmen Seite aus darstellt. Gedanken, die ihm weniger anziehend sind, werden abzuschwächen, umzudeuten, in ihrem Wert herabzusetzen gesucht. (Vgl. dazu besonders O. Pfleiderer, Die Ritschl'sche Theologie. Ferner Holtzmann, Ntl. Theol. II S. 103 ff. Schmiedel, Handkommentar, Exkurs zu 2. Cor. 5, 21. B. Weiss, Bibl. Theol. 5. Aufl. S. 306 ff.) Ritschl wich somit weit stärker von dem Inhalt der biblischen Schriften ab, als er selbst es meinte. Mit Recht sagt daher Harnack (ChrW 1897 Sp. 892): „Ritschl war heterodoxer, als es nach dem proklamierten Ausgangspunkt seiner Theologie den Anschein hat.“ Mit vollem Recht schliesst Harnack daraus weiter: „Ob er dann noch ein Recht hatte, so souverän und siegesgewiss seinen theologischen Standpunkt von dem kritischen Biedermanns und anderer abzugrenzen, ist eine Frage, die ich nicht bejahen möchte.“ Ritschl gehört weit mehr in die Reihe der von ihm abgewiesenen kritischen Theologen hinein, als er selbst es wahr haben wollte.

Zweiter Abschnitt.

Die philosophischen Prinzipien Ritschls.

Kapitel 1.

Die Erkenntnistheorie Ritschls.

Vgl. dazu ausser den in der Einleitung angeführten Werken noch R. Wegener, Kurze Darst. u. Kritik der philos. Grundlage der Ritschl-Herrmannschen Theologie. IprTh 1883 S. 193 ff. — L. Stählin, Kant Lotze A. Ritschl, eine kritische Studie, 1888. — R. Esslinger, Zur Erkenntnistheorie Ritschl's. Zürich 1891. — K. Rub, Die Erkenntnistheorie von R. A. Lipsius verglichen mit derjenigen A. E. Biedermanns und A. Ritschls. Karlsruhe 1893. — Fr. Traub, Ritschls Erkenntnistheorie, ZThK 1894 S. 91 ff. — W. Schmidt, Dogmatik I S. 407 ff. — J. Steinbeck, Das Verhältnis von Theol. u. Rel.-Phil., erörtert an den theol. Erkenntnistheorien von A. Ritschl und A. Sabatier. Leipzig 1898. — Lüdemann, Erkenntnistheorie und Theologie. Prot. Mon. 1897, S. 190 ff. — O. Flügel, Ritschls philosophische und theologische Ansichten 2. Aufl. 1892.

Ritschl selbst ist in seiner theologischen Arbeit nicht von philosophischen Grundsätzen ausgegangen, sondern seine Exegese, seine biblische Theologie und seine dogmenhistorischen Arbeiten waren der Ausgangspunkt seiner Theologie. Seine im Anschluss an Paulus und die Reformatoren gefundene eigentümliche Auffassung vom Wesen aller Religion, insonderheit des Christentums, und seine methodischen Grundsätze, dass die Dogmatik nichts anderes sei als die Darlegung der Heilswirkungen Christi vom Standpunkte eines in die Gemeinde Christi sich einrechnenden Gläubigen, bildeten den Grundstock seiner Ueberzeugungen. Erst nachträglich suchte Ritschl auch philosophische Stützen für seine Theologie in der Zeitphilosophie. Etwas schroff drückt Teichmüller (Rel.-Phil. S. 524) diesen Sachverhalt aus: „Um nun der von der Wissenschaft abgelösten christlichen Glaubenssphäre etwas Licht und Orientirung zu verschaffen, griff Ritschl eklektisch auf gut Glück nach einigen philosophischen Begriffen, die von Nicht-Hegelischen Denkern auf den Markt gebracht waren, und namentlich gefielen ihm einige Stellen bei Lotze, die er für seinen Hausbedarf verwendete.“ Ebenso urteilt auch R. Seydel (Rel.-Phil. S. 111), dass Ritschl „sich geeigneter erkenntnistheoretisch-kritischer Stützen dieser Verwerfung [der Metaphysik] mit Freuden nur bedient, ohne sie selbst zu erarbeiten“. Es ist daher falsch, wenn man, wie dies Wegener, Stählin und Esslinger thun, von Ritschls Philosophie aus sein ganzes System beurteilen will. Weit richtiger scheidet Steinbeck zwischen den theologischen und den philosophischen Prinzipien Ritschls. Für Ritschl selbst verschmolzen sich jedoch seine theologischen und philosophischen Prinzipien so sehr in eins, dass er sie für identisch oder wenigstens für unmittelbar mit einander zusammenhängend hielt. Worauf es ihm ankam, war negativ ausgedrückt: der Ausschluss aller Spekulation, in der Philosophie der Spekulation über das Ding an sich, in der Theologie der Spekulation über Gottes Wesen an sich, abgesehen von seiner Offenbarung, über Christi verborgene Natur, sein vorirdisches Sein. Positiv ausgedrückt wollte er all unser Denken streng auf das direkt in der Erfahrung Enthaltene beschränken. Was darüber hinausging, war ihm falsche Metaphysik. Philosophisch ausgedrückt war es sein Grundsatz: wir müssen uns darauf beschränken, die Dinge, wie sie für uns sind, zu erkennen. In ihrem Ansichsein sind sie uns verborgen. Theologisch ausgedrückt: nur das direkt in der religiösen Erfahrung der Gemeinde Enthaltene und für die praktische Verkündigung Wertvolle ist Gegenstand der Glaubenslehre. So sehr fielen ihm seine philosophischen und seine theologischen Prinzipien zusammen, dass er sich zu dem Urteil berechtigt glaubte (Th. M.² S. 32), die eigentliche Differenz zwischen ihm und seinen Gegnern beruhe darin, dass sie einer anderen Erkenntnistheorie folgten. Diese irrtümliche Verlegung des theologischen Gegensatzes in das philosophische Gebiet hat zu falschen Folgerungen für die Tragweite und Bedeutung der Ritschl'schen Philosophie Anlass gegeben. In Wahrheit ist sie nicht der prinzipielle Ausgangspunkt, sondern eine nachträglich seiner Theologie untergeschobene Stütze.

Mit Recht konnte daher Gottschick (ThLZ 1889 Sp. 632) gegen Stählin bemerken, Ritschls System habe noch andere Stützen als seine Erkenntnistheorie. Auf Ritschls Erkenntnistheorie ist oft übertriebener Wert gelegt worden. Sie ist so häufig zum Gegenstand der Beurteilung gemacht worden, dass ein Urteil über sie im allgemeinen feststehen dürfte.

Von allen Seiten ist die Unklarheit und Unvollkommenheit der Ritschl'schen Philosophie hervorgehoben worden. Vor allem sind ihm Unklarheiten mindestens in der Ausdrucksweise vorzuwerfen. Man hat einen subjektiv-idealistischen Ausgangspunkt seiner Philosophie bemerken wollen: er löse alles Sein in Empfindungen auf; nachher folge ein unvermittelter Uebergang zum naiven Realismus, indem er dem Empfindungsinhalt unmittelbar wieder objektive Realität zuschreibe (so Pfleiderer, Lipsius, Pfennigsdorf). Andere (Wegener, Stählin, Luthardt) fassen Ritschls Erkenntnistheorie als reinen subjektiven Idealismus auf. Die objektive Welt der Dinge an sich bleibe nach Ritschl gänzlich unerkennbar. Er löse alles Sein in Bewusstsein auf.

Die eigentliche Absicht der Ritschl'schen Erkenntnistheorie oder genauer seiner Lehre vom Dinge („wir erkennen in den Erscheinungen das Ding") scheint gewesen zu sein, einen Empirismus festzuhalten, nach dem wir in der unmittelbaren Erfahrung, und zwar in ihr allein, eine Gewissheit für die Realität der Objekte haben. In Wahrheit steht Ritschl auf dem Standpunkt des naiven Realismus, der „vulgären Ansicht von den Dingen", die in der Wahrnehmung unmittelbar das Objekt zu haben glaubt. Die Grundfrage aller Erkenntnistheorie ist von Ritschl gar nicht gestellt: Wie verhält sich die Empfindung, die doch etwas rein Subjektives ist, zu dem ausser uns befindlichen Gegenstand. Mit Recht sagt daher Pfennigsdorf (S. 15): „In welchem Verhältnis steht also Ding und Erscheinung, Dasein und Bewusstsein, ideelles und reales Sein? Auf diese Grundfrage der Erkenntnistheorie giebt uns Ritschl keine Antwort." (Ebenso Stählin, S. 134 ff.). Das Gewicht der ganzen erkenntnistheoretischen Frage ist somit von Ritschl nicht durchschaut. Auch seine Schüler geben dies heute zu. So urteilt Traub (ZThK 1894 S. 120 f). Ritschls Erkenntnistheorie mache den „Eindruck des Unfertigen und Unvollkommenen". „Die Bedeutung seiner Theologie liegt in anderer Richtung." (Ebenso auch Herrmann ThLZ 1892 Sp. 383.) Teichmüller konstatiert

(Rel. Phil. S. 25) eine „Ungewandtheit dieses Theologen in philosophischem Denken," und O. Flügel bemerkt (Zeitschr. f. Philos. u. Pädagogik 1894 S. 151), Ritschl habe „nie das Gewicht der Probleme und die Tragweite gewisser philosophischer Gedanken gefühlt."

Besonders Flügel, Pfleiderer, Pfennigsdorf, Lüdemann haben noch eine Reihe von Unklarheiten und Widersprüchen in Ritschls Anläufen, seine Theologie philosophisch zu fundamentieren, festgestellt. Besonders auffällig ist seine Missdeutung Kants, in den Ritschl niemals tiefer eingedrungen zu sein scheint (R. V. III³ S. 19 f.). Ritschl macht gegen Kant das geltend, was Kant nie bestritten hatte: Die Erscheinungen dürften kein blosser Schein sein, sondern in ihnen müsse uns etwas Wirkliches, das Ding gegeben sein. (Vgl. auch Traub ZThK 1894 S. 96 f.) Ebenso missdeutet er die vulgäre Ansicht von den Dingen (Th. M.² S. 33), der es nie einfallen wird, Dinge an sich hinter den in der Wahrnehmung gegebenen anzunehmen (Pfennigsdorf S. 15 f.). Ferner zeigt sich Ritschl unfähig, zwischen psychischer Vorstellungshilfe und Gedankeninhalt, zwischen Vorstellung und Begriff zu unterscheiden, wenn er urteilt, dass wir in dem Erinnerungsbilde den täuschenden Niederschlag einzelner Wahrnehmungsbilder haben, den wir in eine Raumfläche hinter das erscheinende Ding versetzen (Th. M. ²S. 35. R. V. III³ S. 19). Es scheint, dass hier der Begriff gleich dem Erinnerungsbilde gesetzt wird. Von den Allgemeinbegriffen hat man bisher stets geurteilt, dass es nicht in unserem subjektiven Belieben liege, wenn man eine bestimmte Klasse von Dingen oder Seinsformen in einen Allgemeinbegriff zusammenfasse, sondern dass die Natur der ausser uns liegenden Wirklichkeit uns dazu veranlasse. Den Allgemeinbegriffen kommt zwar nicht eine von den Einzeldingen abgesonderte Wirklichkeit zu, sie haben immer auf konkreten Erfahrungsinhalt Bezug. Aber sie sind darum nicht irgendwie blasser oder unbestimmter, wie Ritschl meint, sondern sie sind, wenn richtig gebildet, genau so scharf umrissen und definirt, wie die Begriffe von einzelnen Dingen es nur sein können. Der Schein, als seien die Gattungsbegriffe abgeblasster als die Einzelbegriffe, entsteht nur durch die Vorstellungshilfe, der wir uns bedienen, um einen Allgemeinbegriff zu fassen. Wir stellen uns nämlich ein einzelnes Individuum vor, das unter diesen Begriff fällt, wobei die einzelnen Züge desselben mehr oder weniger verwischt sind. Dies Individuum wird so in unserer Vorstellung Stellvertreter jener Totalität, die wir denken, wenn wir einen Gattungsbegriff aufstellen. Von dieser Vorstellungshilfe ist aber der Gedankeninhalt zu scheiden. Dieser besagt, dass es nicht in unserer Willkür, sondern in der Natur der ausser uns seienden Dinge begründet sei, wenn wir gerade diese Einzeldinge oder Individuen nach ihren gemeinsamen Merkmalen zusammenfassen und unter einen Allgemeinbegriff subsummieren. (Vgl. dazu Volkelt, Erfahrung und Denken 1886 S. 337 ff. A. Dorner, Das menschliche Erkennen 1887 S. 151.) Ritschl aber wirft Vorstellung und Denken, Anschauung und Begriff, Erinnerungsbild und Allgemeinbegriff stets durcheinander (Pfennigsdorf S. 30, R. Seydel S. 123 ff.). Ritschl bestreitet (Th. M. ²S. 33) ausdrücklich, dass man mit einer auf die Wahrnehmung folgenden „genauen Vorstellung und Erforschung", d. h. durch Denken die Objekte genauer erkennen könnte, als sie in der Wahrnehmung gegeben sind. In Wahrheit kommt kein Denker, auch Ritschl selber nicht aus, ohne aus dem in der Erfahrung unmittelbar Gegebenen weitere Schlüsse zu ziehen. Trotz seiner Polemik gegen die blassen Allgemeinbegriffe ist er selber genötigt, Allgemeinbegriffe, wie Sünde, Reich Gottes, Versöhnung in scharf umrissener Bestimmtheit anzuwenden. Ja auch Spekulationen, die weit über die Erfahrung hinausgehen, kann Ritschl nicht vermeiden. Hierher gehört sein in den ersten beiden Auflagen für streng theoretische Erkenntnis erklärter Gottesbeweis (R. V. III § 29), seine im Anschluss an Lotze sich findende Spekulation über die Persönlichkeit Gottes (§ 30) und manche einzelne Aeusserung innerhalb seines Systems.

Von diesen vielen Unklarheiten und Unrichtigkeiten im einzelnen, die sich noch leicht vermehren liessen, ist zu unterscheiden die Tendenz der Ritschl'schen Erkenntnistheorie im Ganzen. Es zeigt sich hier deutlich der schon im 1. Abschnitt Kap. 2 nachgewiesene Gegenschlag gegen die in einer weltfernen Begriffswelt schwelgende Spekulation, die den Boden der Wirklichkeit unter den Füssen verlor. Ritschls Mahnung ist als Reaktion hiergegen berechtigt: Halte dich an die Erscheinungswelt, an das in der Wahrnehmung, in der religiösen Erfahrung direkt Gegebene, an das praktisch Wertvolle. Je mehr wir uns an die subjektiven Erfahrungen halten, um so praktischer, um so religiös wärmer bleiben die Aussagen; je mehr wir „rein objektive Erkenntnisse" erstreben, um so mehr gelangen wir in eine kältere Zone. (R. V. III³ S. 34.)

Aber Ritschls Gegensatz gegen die Spekulation ist wieder übertrieben. Unklar ist seine Polemik gegen den Begriff des „Dinges an sich". Wenn er „Dinge an sich" für unerkennbar erklärt (R. V. III³ S. 19), so will er damit nicht sagen, dass wir zu keiner objektiven Erkenntnis kommen könnten. (So fassen Wegener, Stählin, Luthardt und andere ihn auf.) Sondern Ritschl will überhaupt den Begriff „Ding an sich" als einen unmöglichen eliminieren; Ritschl setzt nicht das „Ding an sich" gleich dem wirklichen Ding, sondern „Dinge für uns" sind ihm mit den wirklichen Dingen identisch. Diese Gleichsetzung ist aber unmöglich. Denn, wie gezeigt, fehlt es bei Ritschl an der grundlegenden erkenntnistheoretischen Selbstbesinnung auf das Verhältnis von Erscheinung und und Ding, ideellem und reellem Sein. Die Tendenz ist, im Gegensatz zu aller die Erfahrung überfliegende, oder die Erfahrung nur als Sprungbrett für Spekulationen gebrauchende Metaphysik das Erkennen in stetiger Nähe bei der Erfahrung festzuhalten. Die Gleichung „Dinge für uns gleich wirkliche Dinge" statuiert nun aber ein Gebiet, das weder rein subjektiv, noch rein objektiv ausser uns ist. So kann man wohl auch auf Ritschl das Wort Volkelts anwenden (Erfahrung u. Denken S. 178): „So weiss man nicht, auf welchem Boden man steht; man schwebt in der Mitte zwischen Erfahrung und Denken, zwischen Vorstellung und Ding an sich und bewegt sich in einem haltlosen Elemente, für das es in der Möglichkeit des Seins keinen Platz geben kann." Naturgemäss kann Ritschl diese schwankende Sphäre, die in der Mitte zwischen Objekt und Subjekt liegen soll, die das Objekt nur in steter Bezogenheit auf das Subjekt begreifen soll, nicht konsequent einhalten. Pfleiderer (S. 5) findet daher bei ihm „ein verwirrendes Schaukeln und willkürliches Überspringen zwischen idealistischer und realistischer Betrachtungsweise."

Ritschls Erkenntnistheorie schien ihm besonders geeignet zu sein, viele transcendente Probleme abzuschneiden, an denen sich von jeher die Theologie abgearbeitet hat. Vor allem alle Versuche, das Wesen Gottes und seine Eigenschaften klar und scharf begrifflich darzulegen, sind nach Ritschl unnütze Bemühungen, wenn wir doch nur Gott in seiner steten Bezogenheit auf uns, nicht in seinem Wesen an sich erkennen können. Bisher war man stets der Meinung, auf Grund der Offenbarung Gottes, seiner Beziehung zu den Menschen könnte man Rückschlüsse auf das Wesen Gottes an sich machen und Gott zwar nicht vollkommen adäquat, aber doch in immer grösserer Annäherung an das Ideal der vollkommenen Erkenntnis erfassen. Ritschl verbietet diesen Rückschluss, hält aber sein eigenes Verbot nicht inne, wenn er eine transcendente Spekulation über die Persönlichkeit Gottes anstellt. Traub (ZThK 1894 S. 119 f.) hat diesen Widerspruch bei Ritschl angemerkt. Er will die erkenntnistheoretischen Prinzipien Ritschls noch konsequenter als dieser selbst auf den Gottesbegriff anwenden. Traub geht damit in subjektiv-idealistischer Richtung noch über Ritschl hinaus. Er erklärt, eine theoretische Einsicht in die Daseinsform und Wirkungsweise Gottes sei uns versagt. „Wenn wir gleichwohl nicht umhin können, in der religiösen und theologischen Sprache jene Kategorien auf Gott anzuwenden und von einem göttlichen Wissen, Wollen u. s. w., von einer göttlichen Persönlichkeit zu reden“, so haben diese Kategorien den Sinn: „Sie wollen das, was wir im Glauben an Christus als unzweifelhafte Wirklichkeit erfahren, auf einen solchen Ausdruck bringen, der uns selbst die immer erneute Erfahrung erleichtert und zugleich zur Verständigung mit anderen dienlich ist.“ „Dagegen wäre es irrig zu meinen, dass mit jenen Bezeichnungen eine theoretische Einsicht in die Subsistenz und Wirkungsweise Gottes erreicht oder auch nur erstrebt werde.“ Also Aussagen über Gottes Wesen, die gar keine Einsicht und Erkenntnis des Wesens Gottes geben wollen, sondern nur in dem erkennenden Subjekt Gefühle und praktische Willenserregungen erreichen wollen! Bisher war man stets der Meinung, dass man Aussagen über einen Gegenstand macht, um ihn zu erkennen. Mag diese Erkenntnis praktisch wertvoll sein und Willensentschlüsse in dem Erkennenden hervorrufen, jedenfalls wird man nicht so weit gehen dürfen, jede Absicht einer theoretischen Erkenntnis zu leugnen und die praktische Wirkung der Erkenntnis als das allein Erstrebte hinzustellen.

Ritschl wendet seine Erkenntnistheorie auf die Dogmatik weiterhin in dem Sinne an, dass er sich gegen die Methode der Deduktion richtet. Diese charakterisiert er folgendermassen (Th. M.[2] S. 41): „Es wird alles von oben herunter von Allgemeinbegriffen aus deduciert“. Luthardt und Frank werden (mit Unrecht) als Vertreter dieser deduktiven Methode angesehen. Ritschl will dagegen auf induktivem Wege von den Erfahrungen des Gläubigen in der Gemeinde Christi ausgehen. Ein ausschliessender Gegensatz zwischen beiden Methoden besteht nun aber nicht. Vielmehr wird die induktive Methode in allen Wissenschaften mit der relativ deduktiven Methode zusammengehen können. Denn allgemein ist es wohl als Selbsttäuschung erkannt worden, wenn man glaubt, rein apriorisch ohne Rücksicht auf die Erfahrung von Allgemeinbegriffen aus eine Erkenntnis Gottes und der Welt erreichen zu können. Auch Hegelianer wie Biedermann haben dies zugegeben, ebenso E. von Hartmann, Pfleiderer. Die deduktive Methode ist vielmehr nur eine Form der Darstellung. Man kann das auf induktivem Wege Gefundene auch deduktiv darstellen, indem man von den auf Grund der Erfahrung gewonnenen obersten Prinzipien und Allgemeinbegriffen ausgeht und dann wieder an dem einzelnen Erfahrungsmaterial die Richtigkeit der gefundenen Prinzipien bewährt. So hätte auch A. Ritschl, wie O. Ritschl (A. Ritschls Leben II S. 184) richtig bemerkt, ebensogut seine eigenen Anschauungen deduktiv darlegen können. Dies hätte sogar wesentlich zur Klarstellung seiner Prinzipien beigetragen. Meines Erachtens hätte er dann von seinem Religionsbegriff ausgehn müssen. Religion gleich Selbstbehauptungsstreben; die christliche Religion ist die vollendete Religion, weil in ihr allein dies Streben erreicht wird. Die Sünde muss darum aufgehoben werden, weil sie die über die Welt erhabene Stellung des Gläubigen in der Gemeinschaft mit Gott aufhebt. Christus ist darum unsrer Mittler, weil er zuerst die christliche Vollkommenheit in seiner erhabenen Herrscherstellung über die Welt erreicht hat. Ritschl selbst ist diese Art der Darlegung nicht eigen gewesen. Man muss die ihn leitenden Prinzipien erst mühsam aus seinen Einzeluntersuchungen herausfinden. Aber ein sachlicher Gegensatz besteht nicht zwischen der induktiven und der relativ deduktiven Methode. Es ist daher auch nur ein formaler Unterschied zwischen der christocentrischen Methode und zwischen der hergebrachten Methode, die von dem Gottesbegriff ausgeht und dann von der Welt, vom Menschen, seiner Sünde und der Erlösung durch Christus handelt. (Gegen Traub StKr. 1895 S. 523 ff.) Ebenso kann man, wie dies Schleiermacher thut, zuerst das in der christlichen Erfahrung mitgesetzte allgemeine Gottesbewusstsein darstellen und dann zur spezifisch christlichen Erfahrung übergehen, oder man kann (mit

A. Schweizer) in drei Stufen die Offenbarung Gottes in der Naturwelt, in der sittlichen Welt und in der christlichen Heilserfahrung darstellen. Eine in sich gebrochene Darstellung ist hiermit durchaus noch nicht gegeben, wofern auch schon bei der Darstellung der niederen Stufen berücksichtigt wird, inwiefern sie in der obersten mitenthalten sind. (Gegen Ritschl R. V. III³ S. 5 ff.)

Eine charakteristische Anwendung hat der Ritschl'sche Empirismus in der Kaftan'schen Dogmatik erhalten. (Vgl. Glaube und Dogmatik ZThK 1891 S. 479 ff. Dogmatik 1897, S. 6. 21 ff. 94.) Kaftan stellt folgenden Gegensatz seiner Methode zu der bisher üblichen auf. Bisher habe die Dogmatik die „Erkenntnis der Objecte des Glaubens" zu erreichen gesucht. Diese Aufgabe sei eine falsch gestellte. Vielmehr müsse die Dogmatik „die Erkenntnis, die der Glaube hat" darstellen. Es ist schwer einzusehen, inwiefern zwischen beiden ein Gegensatz bestehen soll. Denn Kaftan betont ausdrücklich, die „Erkenntnis, die der Glaube hat", sei wirkliche objektive, theoretische Erkenntnis. Wie aber eine solche erreicht werden kann ohne eine Erkenntnis der Objekte des Glaubens, ist nicht zu begreifen. Entweder erreicht die Erkenntnis, die der Glaube hat, eine vielleicht subjektiv wertvolle, aber doch nur erträumte Welt, dann ist diese Erkenntnis scharf geschieden von jeder Erkenntnis von Objekten, oder sie ist wirkliche Erkenntnis, dann ist sie, wie subjektiv wertvoll auch immer, doch Erkenntnis der Glaubensobjekte. Ein drittes giebt es nicht. Kaftan dagegen sucht auch hier eine mittlere Sphäre einzuhalten, für die in der Möglichkeit des Seins kein Raum vorhanden ist.

Unhaltbar ist auch die Anwendung, die Ritschl von seiner Erkenntnistheorie auf die Christologie macht. Er meint, schon aus erkenntnistheoretischen Gründen die Gottheit Christi im metaphysischen Sinne ablehnen zu können, denn nur in seinem geschichtlichen Wirken sei Christus uns offenbar. (R. V. III¹ S. 357.) Dem gegenüber haben die orthodoxen Gegner Ritschls mit vollem Recht geltend gemacht, dass wir berechtigt sind, aus dem uns offenbaren Wirken Christi einen Rückschluss auf seinen Wesenshintergrund zu ziehen. Die Frage ist nur die, ob wir berechtigt sind, aus der religiösen Dignität Christi seine metaphysische Gottheit zu folgern. Ritschl schiebt (R. V. III³ S. 377) seinen Gegnern unter, sie wollten die Gottheit Christi „vor aller möglichen Erfahrung und ausserhalb aller religiösen Erfahrung von der Sache"

„in einem Akte uninteressierten Erkennens“ feststellen, während dies wohl kaum jemandem eingefallen ist. Ritschl schiebt auch hier seinen Gegnern eine rein deduktive Methode unter, während auch sie von der Erfahrung ausgehen wollen.

Ebenso glaubt Ritschl seine Erkenntnistheorie verwerten zu können, um die Mystik aus dem Felde zu schlagen. (Th. M.[2] S. 24 ff. 41 ff. R. V. III[3] S. 20 ff.) Er behauptet, die Mystik nehme hinter den bewussten Funktionen des Geistes ein Sein der Seele an sich an, in welches sie die geheimnisvolle Vereinigung des Menschen mit Gott verlege. Er selbst müsse auf diesen dunkeln Hintergrund der Seele verzichten; er beschränkte sich auf die einzig mögliche Aufgabe, darzustellen, wie in den bewussten Seelenthätigkeiten die menschliche Selbstthätigkeit durch die göttlichen Gnadenwirkungen angeregt werde. Einige Äusserungen Ritschls klingen so, als wollte er überhaupt die Einheit der Seele leugnen und das Geistesleben in einen Haufen einzelner Seelenthätigkeiten auflösen. (So Pfleiderer Ritschl'sche Theol. S. 11; dagegen Traub ZThK 1894 S. 100.) Behauptet man aber die Einheit des menschlichen Geisteslebens, so lässt sich die Mystik nicht einfach mit der erkenntnistheoretischen Erwägung widerlegen, eine Einigung Gottes mit der menschlichen Seele sei unmöglich, weil es in dem Geistesleben keinen verborgenen Punkt gebe, in dem diese Einigung statt haben könne.

Kapitel 2.

Das Verhältnis von religiösem und theoretischem Erkennen.

Die im vorigen Kapitel dargelegten erkenntnistheoretischen Grundsätze galten für das Gebiet der Theologie und Philosophie gleichmässig. Der Hauptzweck, den Ritschl verfolgt, Ausschluss der Philosophie aus der Theologie, wurde durch sie insofern erreicht, als die Beschränkung der Theologie auf die religiöse Erfahrung von selbst die spekulativen, in das Gebiet der Philosophie hinüberreichenden Denkprobleme ausschloss. Aber Ritschl weiss noch auf andere Art sein Ziel zu erreichen. Auf drei verschiedene Weisen sucht er den Gegensatz von Philosophie und Religion in der Weise zu bestimmen, dass auch das religiöse Erkennen in der Theologie ganz unabhängig von aller Philosophie vor sich gehen könne.

Der erste Versuch Ritschls findet sich schon in der ersten Auflage seines Hauptwerks (R. V. III¹ S. 178f. III² S. 194. III³ S. 197f.). Ritschl behauptet hier, eine Vermischung oder Kollision zwischen Religion und Philosophie entstehe daraus, dass die Philosophie den Anspruch erhebe, eine Weltanschauung als Ganzes zu produzieren. Die Philosophie müsste auf diesen Anspruch verzichten, denn in dem Bestreben, eine einheitliche Weltanschauung zu erlangen, verrate sich stets ein religiöser Trieb. Die Unwahrscheinlichkeit dieser Ansicht ergiebt sich schon aus der Geschichte der Philosophie, denn von ihren ersten Anfängen bis auf das neueste System von Wundt hat sie stets die Gesamtheit der Erfahrungen zusammenzufassen gesucht. Es lässt sich auch nicht einsehen, inwiefern in dem Bestreben, allen Thatsachen und Erfahrungen auf dem Gebiete der Natur und des Geisteslebens die ihnen zukommende Stellung anzuweisen, ein religiöser Trieb walten sollte. Gerade im theoretischen Interesse der Philosophie liegt es, zu allen Erscheinungen des menschlischen Geisteslebens, somit auch zur Religion Stellung zu nehmen. Zwar wird sie sich nicht einbilden dürfen, Religion selber erzeugen zu können. Aber wohl ist es ein theoretisches Interesse der Philosophie, die Religion nicht bloss in ihrer psychischen Thatsächlichkeit, sondern auch nach ihrem Wert, ihrer Bedeutung und Wahrheit zu erforschen. (Vgl. z. B. Wundt, System d. Philos. S. 3ff.) Es wird also wohl stets dabei bleiben, dass die Philosophie als oberste Aufgabe im Auge behält, eine einheitliche Weltanschauung aufzustellen.

Auch Biedermann (Dogmatik I² S. 233) bemerkt dazu, dass von Ritschl der Wissenschaft unrechtmässiger Weise eine Gebietsabtretung an die Religion zugemutet werde. Der Theologe suche sich auf diesem Wege der lästigen Kontrolle der Philosophie zu entziehen.

Als einzigen Beweis für seine Ansicht führt Ritschl an, dass in allen philosophischen Systemen das oberste Gesetz des Daseins, aus dem alles andere hergeleitet wird, nur mit den Mitteln der Phantasie vorstellbar sei, also hierin den religiösen Objekten gleichstehe. (R. V. III³ S. 197, 198.) Indessen giebt man auch zu, dass, wenn man sich Allgemeinbegriffe und oberste Gesetze vorstellen will, man der Phantasievorstellung als psychischer Beihilfe bedarf, so folgt daraus doch noch nicht, dass diese Phantasie irgend etwas mit religiöser Phantasie zu thun hat, denn nicht jede Phantasie ist religiös.

Ritschl selbst ist in den späteren Auflagen seines Werks ein Zweifel an der Richtigkeit dieser Abgrenzung von Religion und Philosophie aufgestiegen, denn er schreibt: „Man kann nun nicht bei der friedlichen Entscheidung sich beruhigen, dass das christliche Erkennen die Welt als Ganzes begreift, das philosophische die besonderen und die allgemeinen Gesetze der Natur und des Geistes feststellt. Denn jede Philosophie verbindet mit dieser Aufgabe auch die Absicht, das Weltganze in einem obersten Gesetz zu begreifen.“ (R. V. III³ S. 193f. III² S. 190.) Dass diese Sätze einen Widerspruch gegen die aus der 1. Auflage herübergenommenen Ausführungen (III³ S. 197 f. III² S. 194) enthalten, haben schon Pfleiderer (Ritschl'sche Theol. S. 16) und Traub (ZThK 1894 S. 108) in gleicher Weise hervorgehoben.

In den späteren Auflagen finden sich neben diesem aus der 1. Auflage herübergenommene Versuch zwei neue Versuche, einen schroffen Gegensatz von Philosophie und Religion festzustellen. Der erste handelt speziell vom Wesen der Metaphysik und ihrem Verhältnis zur Religion (R. V. III³ S. 16f. Th. M² S. 8ff.). Ritschl beruft sich auf Aristoteles dafür, dass man unter Metaphysik eine Wissenschaft zu verstehen habe, welche rein formal die Dinge abgesehen von ihrem besondern Inhalt untersucht. Sie sehe daher von dem Unterschiede von Geist und Natur ab und untersuche beide Grössen „unter dem Begriff eines Dinges nur im allgemeinen, also oberflächlich.“ (Th. M.² S. 8.) Da nun nach Ritschls Definition des Wesens der Religion die Erhebung des Geistes über die Natur der Kern aller Religion ist, so folgt, dass Religion und Metaphysik nichts mit einander zu thun haben.

Indessen lässt sich geltend machen: 1. Der Sprachgebrauch Metaphysik = formale Untersuchung des Begriffs des Seins oder = Erkenntnistheorie ist durchaus nicht, wie Ritschl (Th. M. ²S. 8) behauptet, von Aristoteles bis auf Kant massgebend gewesen. Es hat stets Denker gegeben, die darunter den Abschluss aller Erfahrung verstanden haben. 2. Auch diejenigen Denker, die wie Aristoteles und Lotze von der Untersuchung der formalen Bedingungen des Daseins ausgehen, sind damit durchaus nicht gleichgiltig gegen die Unterschiede der Daseinsformen, sondern setzen diese gerade voraus. Denn wer sich mit der Untersuchung von Allgemeinbegriffen abgiebt, ist nicht gleichgiltig gegen die Besonderheiten der Dinge, die von dem Allgemeinbegriff umfasst werden. Dass insbesondere die Aristotelische πρώτη φιλοσοφία gegen den Unterschied von Natur und Geist nicht gleichgiltig ist, haben schon Stählin (S. 209 f.), Seydel (S. 119 f.) und Lüdemann (PrM 1897 S. 194) gegen Ritschl nachgewiesen. Es ist darum ein eigentümliches Verfahren, wenn Ritschl sich einen Begriff der Metaphysik konstruiert, der auf kaum irgend eine Erscheinung in der Geschichte passt, und dann, weil diese Metaphysik im Gegensatz zur Religion steht, einen unausgleichbaren Widerspruch zwischen Religion und Metaphysik konstatiert. Mit Recht bemerkt auch Clemen (StKr 1896 S. 503): „Es war eine der merkwürdigsten Selbsttäuschungen Ritschls, wenn er zugleich mit dieser Metaphysik auch alle übrige, die er wohl kennt, aber nicht weiter berücksichtigt, aus der Theologie hinausgeworfen zu haben meinte. Sollte es sich indess ergeben, dass eine gegen jenen Unterschied nicht gleichgiltige Metaphysik recht wohl möglich sei, dann versteht es sich von selbst, dass sie mit der religiösen Erkenntnis verglichen werden kann und muss. Denn auf demselben Gebiet giebt es eben nur eine Wahrheit."

Der dritte Versuch Ritschls, einen scharfen Gegensatz zwischen Philosophie und Religion festzustellen, ist am berühmtesten geworden. (Vgl. dazu G. Sperl, Das Wesen der Werturteile, NkZ 1890 S. 556 ff. — M. Scheibe, Die Bedeutung der Werturteile für das religiöse Erkennen. 1893. — O. Ritschl, Ueber Werturteile. 1895.) Er ist in der 2. und 3. Auflage seines Hauptwerks in teilweiser Abhängigkeit von Kaftans „Wesen der christlichen Religion" vollzogen. Kaftan unterscheidet im Menschen Vorstellung und Gefühl oder die theoretische und die praktische Seite des Innenlebens. „Erstens fassen wir die Welt, wie sie sich uns bietet, auf, und zweitens nehmen wir als lebendige Wesen mit dem je in uns wirkenden Interesse Stellung zu ihr." (Wesen d. christl. Rel. S. 41.) Daher drücken wir mit unseren Urteilen entweder einen Thatbestand aus oder geben der Stellung, die wir als lebendige Wesen zu einem Thatbestande einnehmen, Ausdruck. So entsteht der Gegensatz der theoretischen Urteile und der Werturteile.

Die Religion gehört nun auf die praktische Seite des Innenlebens. Werturteile liegen ihr als das eigentlich Bestimmende zu Grunde.

Durch diese Ausführungen beeinflusst, will Ritschl den Unterschied zwischen philosophischem und religiösem Erkennen nicht mehr im Gegenstande des Erkennens, sondern im Subjekt suchen (R. V. III[3] S. 194). Während nun aber Kaftan (S. 49) es für missverständlich hält, wenn man sagt, die religiösen Urteile seien Werturteile, und die Formulierung vorzieht, die religiösen Erkenntnisse sind theoretische Sätze, denen Werturteile zu grunde liegen, behauptet Ritschl: „Indem man erkennt, dass die Religion überall in direkten Werturteilen verläuft, sichert man ihr ihre Eigentümlichkeit im geistigen Leben.“ (Fides implicita S. 70.) Ritschl unterscheidet nämlich wie Kaftan die beiden Seiten im menschlichen Geistesleben: Einerseits werden in dem Gefühl von Lust oder Unlust die Empfindungen nach ihrem Werte für das Ich bestimmt. Andererseits werden die Dinge durch Beobachtung und wissenschaftliche Erkenntnis in ihren Beziehungen zu einander aufgefasst. (R. V. III[3] S. 194.) Man erwartet nun, dass Ritschl dem philosophischen Erkennen die uninteressierte theoretische Beobachtung eines Thatbestandes zuschreiben werde. In der That definiert er auch an einigen Stellen das philosophische oder wissenschaftliche Erkennen als „uninteressiertes Erkennen“ (R. V. III[3] S. 202, 203, 376). Im Widerspruch mit diesen Stellen erklärt er es aber hier (III[3] S. 195) für ungenau, wenn man das philosophische Erkennen für uninteressiert halte. Denn jedes stetige Erkennen der Dinge sei „durch Gefühl nicht bloss begleitet, sondern auch geleitet“. Daher sind auch bei allem wissenschaftlichen Erkennen begleitende Werturteile wirksam. Wie Traub (S. 109) richtig bemerkt, hat Ritschl hiermit nur die psychologische Situation des erkennenden Subjekts geschildert und die kritische Frage nach der Geltung des Erkennens mit dieser psychologischen Schilderung vermengt. Infolgedessen hat er das Missverständnis erregt, als sollte nach seiner Meinung der Forscher sich nicht durch objektive Rücksichten der Wahrheit, sondern durch subjektive Interessen und Wünsche bestimmen lassen. (Pfleiderer S. 18.) Wenn dies nicht seine Ansicht ist, so sträubt sich Ritschl mit Unrecht dagegen, das philosophische Erkennen als uninteressiertes anzuerkennen.

Weit mehr kommt es Ritschl auf die andere These an: „Das

religiöse Erkennen bewegt sich in selbständigen Werturteilen, welche sich auf die Stellung des Menschen zur Welt beziehen und Gefühle von Lust und Unlust hervorrufen, in denen der Mensch entweder seine durch Gottes Hilfe bewirkte Herrschaft über die Welt geniesst oder die Hilfe Gottes zu jenem Zweck schmerzlich entbehrt.“ (R. V. III[3] S. 195.) Sehen wir von der speziellen Beziehung, in der diese Sätze zu Ritschls eudämonistischem Religionsbegriff stehen, ab, so liegt zweifellos in dem Satz, dass das religiöse Erkennen in Werturteilen verlaufe, eine wichtige Wahrheit, die freilich schon vor Ritschl allgemeine Anerkennung gefunden hat. Sofern Ritschl lediglich das damit sagen will, dass alles religiöse Erkennen auf innere Erfahrungen des frommen Gemüts zurückgeht und darum ein besonderes Interesse für das religiöse Subjekt hat, wird wohl niemand seiner These widersprechen. Besonders seit Schleiermacher ist diese Wahrheit Allgemeingut der neueren Theologie geworden. Auch diejenigen, welche diesen leicht missverständlichen und oft missverstandenen Begriff „Werturteil“ nicht brauchen, haben diese Wahrheit längst hervorgeboben.

Wenn aber Ritschl mit dem Ausdruck, das religiöse Erkennen verläuft in selbständigen Werturteilen, auch eine wissenschaftlich korrekte und genaue Abgrenzung des religiösen Erkennens vom philosophischen erreicht zu haben meint, so ist dagegen einzuwenden: 1. Mit dem Ausdruck „Werturteil“ ist dem Missverständnis nicht gewehrt, als ob es dem Frommen bloss auf subjektive Wahrheit des Geglaubten, nicht auf objektive Realität der Glaubensobjekte ankomme. 2. Wofern man aber in Werturteilen eine objektiv wahre Erkenntnis der Glaubensgegenstände erreichen will, so sind diese Werturteile nicht gegen alle sonstigen theoretischen Urteile abgegrenzt.

Was das erste betrifft, so hat zuerst Luthardt (ZWL 1881 S. 621) Ritschl so verstehen zu müssen geglaubt, als käme es ihm auf die objektive Wahrheit des Geglaubten nicht an, sondern nur auf ihren Wert für uns. Eine Stütze erhielt diese Auslegung Ritschls noch dadurch, dass auch seine Erkenntnistheorie so verstanden wurde, als ob unser Erkennen sich nicht auf das wirkliche Ding zu richten habe, sondern nur auf die Abspiegelung der Dinge im Subjekt. Indessen wie ich im 1. Kapitel die realistische Tendenz seiner Erkenntnistheorie konstatieren zu dürfen geglaubt habe, so scheint mir auch diese Auslegung Ritschls nach der skeptischillusionistischen Seite hin seine Überzeugung nicht zu treffen. Ich stimme vollkommen mit der Auffassung Ritschls durch Traub (S. 111) und O. Ritschl (ThLZ 1893 Sp. 645) überein. Ersterer bemerkt mit Recht: „Ritschl weiss dies so gut wie seine Gegner, dass es den Tod aller Religion bedeutet, wenn die objektive Wahrheit der religiösen Vorstellungen ins Wanken kommt.“ Giebt man aber zu, dass die religiösen Sätze wirkliche Erkenntnisse transcendenter Dinge sein sollen, so fällt jeder Grund fort, eine besondere Klasse von Urteilen in ihnen zu finden. Denn wirkliche Erkenntnisse können wir nur in theoretischen Sätzen darlegen, gleichviel ob diese Erkenntnisse Wert für uns haben oder nicht. Daher ist die Ritschl'sche Formulierung, das religiöse Erkennen verlaufe in Werturteilen, unhaltbar. Auch der Kaftan'sche Ausdruck, dass die religiösen Sätze theoretische Urteile sind, die auf Werturteile zurückgehen, ist insofern ungenau, als die Werturteile wiederum nichts schlechthin Einfaches sind, sondern ihrerseits auf Gefühle oder innere Erfahrungen zurückweisen. Der Lipsius'sche Ausdruck dürfte darum vorzuziehen sein, dass die religiösen Sätze auf innere Erfahrungen oder religiöse Nötigungen, auf eine „unmittelbar erlebte Gewissheit“ zurückweisen. (Philos. u. Rel. 1885 S. 113 ff.) Da nun aber die religiösen Sätze wirkliche Erkenntnisse transcendenter Objekte sein wollen, so können sie auch nur die Form theoretischer Sätze haben. Denn wirkliche Erkenntnisse können wir nur in die Form theoretischer Urteile fassen. Diese theoretischen Sätze müssen aber auf ihre logische Vollziehbarkeit und ihre Uebereinstimmung unter einander, also nach theoretischem Massstabe geprüft werden. (Lipsius S. 168 ff. I. A. Dorner, Glaubenslehre I² S. 54.) Die Umsetzung der inneren Erfahrung in die Erkenntnis ist ein theoretischer Prozess. Bei demselben sind leicht Trübungen in der Auffassung des in der religiösen Erfahrung Gegebenen möglich. Ausserdem beweist die gesamte Dogmengeschichte, dass auf die Erkenntnisformen, in welche die religiösen Sätze gefasst wurden, die weltliche Erkenntnis eingewirkt hat. Hiermit fällt auch der dritte Versuch Ritschls, das religiöse Erkennen vom philosophischen abzugrenzen, hin. In der Schule Ritschls ist das Bedürfnis gefühlt worden, in erneuter und gründlicherer Weise die Abgrenzung des religiösen und philosophischen Erkennens zu vollziehen. Herrmann und Kaftan sind unter einander und mit Ritschl darin einig, dass religiöses und wissenschaftliches Erkennen nichts mit einander zu thun haben sollen, aber sie suchen diese These auf verschiedene Art zu begründen.

Herrmann bestimmt den Begriff der Metaphysik anders als Ritschl. Während dieser der Metaphysik eine rein formale Aufgabe zuschreiben wollte, sieht Herrmann richtiger als Ritschl, dass sie einen Abschluss des Erkennens herbeiführen will. Aber er begeht den doppelten Fehler, dass nach ihm 1. die Metaphysik nur Abschluss des Naturerkennens ist; 2. dass nicht wissenschaftliche Erwägungen, sondern wissenschaftlich unhaltbare praktische Gefühle und Voraussetzungen bei diesem Abschluss massgebend sind.

Was das erste betrifft, so wird bei Herrmann wissenschaftliches Erkennen und Naturerkennen gleich gesetzt. In Wahrheit hat aber die Metaphysik stets ein Abschluss und eine Zusammenfassung der Erkenntnisse auf dem Gebiete der Natur und des geistigen Lebens sein wollen. Dass es auch eine wissenschaftliche Erkenntnis geistiger Thatsachen und Werte giebt, bleibt bei ihm ausser Acht. Geistige Thatsachen sind nach ihm nur insofern Gegenstand wissenschaftlicher Erklärung, als man „die das psychische Ereignis begleitende materielle Bewegung der Beobachtung unterwirft". (Die Religion S. 101.) Es scheint, dass neuere Materialisten Herrmann stark beeinflusst haben; wohl auch F. A. Lange. Vgl. Gesch. d. Materialismus II³ S. 161: „Die Grenzen des Naturerkennens sind eben ideal genommen identisch mit den Grenzen des Erkennens überhaupt". Dies ist auch die unausgesprochene Voraussetzung des berühmten Du Bois-Reymond'schen Vortrages über die Grenzen des Naturerkennens. Dass die Geisteswissenschaften ganz andere Methoden haben, davon findet sich hier keine Spur. Daher ist für Herrmann die Welt des Erkennens gleichbedeutend mit der Welt der Materie. Von diesen Voraussetzungen aus ist es konsequent, wenn er urteilt: „Für bloss erkennende Wesen ist die Wahrheit der Religion nicht vorhanden." (S. 253.) Die religiösen Überzeugungen sind vor der Wissenschaft leere Einbildungen (S. 117). Doch nicht bloss diese, sondern überhaupt alle geistigen Werte sind für die Wissenschaft Einbildungen. Denn „was sich mit den Mitteln des theoretischen Erkennens über den Menschen ausmachen lässt, gehört in die vergleichende Zoologie." (S. 88, vgl. S. 178 A. 1.) Die „Wissenschaft" kann bloss die Materie, das Tierische am Menschen erkennen. Alles andere ist nicht Gegenstand der „Wissenschaft". Von dieser Voraussetzung aus, dass wissenschaftliches Erkennen Naturerkennen und die Metaphysik der Abschluss des Naturerkennens sei, werden alle diejenigen Theologen beurteilt, welche die Metaphysik irgendwie in Zusammenhang mit der Religion bringen. Eine Polemik in der schärfsten Tonart gegen diese zieht sich durch das ganze Buch hindurch. Wer das Gebiet des Sittlichen und der Religion in Zusammenhang mit der Metaphysik setze, erniedrige dasselbe, indem er es auf dieselbe niedrige Stufe stelle, auf der — nach Herrmann'scher Auffassung — die Metaphysik steht. Wenn man die Objekte des Glaubens für zugänglich für eine metaphysische Betrachtung hält, stelle man sie auf dieselbe Stufe wie die Natur und gründe somit eine neue Naturreligion (S. 5 ff., S. 326 ff). Alle diese Vorwürfe fallen natürlich in sich zusammen, wenn die Metaphysik nicht bloss Abschluss des Naturerkennens ist. In Wahrheit hat die Metaphysik stets einen Abschluss der Natur- und Geistesphilosophie erreichen wollen. Es wäre auch gar zu merkwürdig, wenn allein die materielle Welt Gegenstand wissenschaftlicher Betrachtung sein sollte. Schon Natorp hat in Bezug auf Herrmann bemerkt (ZPhKr. Bd. 79 (1881) S. 255): „Im Erkennen uns bloss auf den Standpunkt der Welt stellen und im Fühlen und Wollen allein auf den Standpunkt der Ewigkeit, das hiesse nicht bloss uns mit der Welt, sondern uns mit uns selbst entzweien".

Ferner behauptet Herrmann, die Metaphysik sei ein unklares Zwitterding zwischen Erkennen und Fühlen, eine unklare, „begriffswidrige Verbindung heterogener Elemente". (S. 353.) Das theoretische Erkenntnisstreben werde in ihr mit dem praktischen Bestreben verbunden, die Welt zu beherrschen. Zu dem Zwecke mache die Metaphysik die wissenschaftlich unhaltbare Voraussetzung, dass die Natur durchgängig begreiflich sei. Die Begriffe des Weltganzen, der Seele, des Dinges an sich, seien nicht von dem erkennenden Subjekt aufgestellt, sondern sie seien Korrelate des fühlenden und wollenden Ichs. Wenn wir zum Begriffe des Unbedingten aufsteigen, handle es sich „nicht mehr um die parteilose Auffassung des thatsächlich Gegebenen, sondern um das affektvolle Streben, die Anerkennung von Gedanken durchzuführen, deren Inhalt sich durch nichts legitimieren kann, als durch seinen Wert für uns." (S. 66.)

Hier rächt sich die anfängliche Ausschliessung aller geistigen

Thatsachen und Werte aus dem Umkreis der Gegenstände des wissenschaftlichen Erkennens. Dieselben werden nun nachträglich hinzugebracht, doch nicht als legitime Objekte des Erkennens, sondern als Faktoren, welche sich störend in den Erkenntnisprozess einmischen und willkürliche, wissenschaftlich unhaltbare Annahmen herbeiführen. Herrmann hat es aber nicht deutlich gemacht, dass das Erkennen nicht von den einzelnen Dingen zu Gattungsbegriffen und zu Begriffen höherer Ordnung gelangen könne. Insbesondere lässt es sich nicht einsehen, inwiefern der Begriff des Weltganzen nicht von der theoretischen Wissenschaft aufgestellt sein soll, die vom Einzelnen auf das Allgemeine zurückgeht. Ebenso dürfte Kant darin gegen Herrman Recht hehalten, dass der Begriff des Dinges an sich theoretischen Ursprunges ist, indem der Mensch nach einem Woher seiner Empfindungen zu fragen genötigt ist. Überhaupt wird nicht deutlich gemacht, wie die Metaphysik ihren angeblich praktischen Zweck, die Welt zu beherrschen, erreicht. Endlich besteht auch darin ein ungelöster Widerspruch bei Herrmann, dass nach S. 351 ff. die Verbindung heterogener Elemente in der Metaphysik durch die Weltanschauung des Christentums aufgelöst wird, während nach S. 73 die Metaphysik die bleibende Aufgabe hat, diejenige praktische Welterklärung rein durchzuführen, welche durch die im Vollbesitz ihrer geistigen Funktionen befindliche Person gehandhabt wird. (Vgl. gegen Herrmann auch R. Seydel, Philos. Monatshefte 1879 S. 541 ff., Rel.-Phil. S. 128, J. Volkelt ZPhKr Bd. 97 (1890) S. 52 ff.)

Kaftan sucht weit energischer und gründlicher als Herrmann jede Verbindung von theoretischer Philosophie und Religion aufzuheben. In engem Anschluss an die englisch-französischen Positivisten Comte, Mill, Spencer, Shute wird jede Weltanschauung, die vom Einzelnen und Besonderen zum Allgemeinen, zur Zusammenfassung des Einzelnen unter Begriffen und Gesetzen fortschreitet, aufzulösen gesucht. Die theoretische Philosophie hat nur die Aufgabe, sich selbst aufzuheben. Dies versucht Kaftan mit den Mitteln der positivistischen Erkennntnistheorie. Was übrig bleibt, sind einerseits die positiven Wissenschaften, andrerseits die praktische Philosophie, die als Wissenschaft vom höchsten Gut beschrieben wird. Er sucht das Band zwischen theoretischer Philosophie und Wissenschaft einerseits und praktischer Philosophie andrerseits zu zerschneiden. „Es führt kein direkter Weg aus der Wissenschaft zur Philosophie, diese ist nicht die zentrale Wissenschaft, sondern die Lehre vom höchsten Gut. (Das Christentum u. die Philos. 1896 S. 22 f.) Schon Kant soll „das direkte Band zwischen der wissenschaftlichen Welterklärung und dem philosophischen Weltverständnis zerschnitten" haben (S. 17). Es fragt sich jedoch, ob die Entgegensetzung von theoretischer und praktischer Vernunft bei Kant haltbar ist, wenn er auch in der praktischen Vernunft mit logischen Schlüssen operiert. Da ferner auch die theoretische Vernunft nach Kant mit Notwendigkeit dazu geführt wird, vom Bedingten auf das Unbedingte zu schliessen, und die metaphysischen Ideen der Seele, des Weltganzen, Gottes zu bilden, und da die praktische Vernunft die Realität dieser Ideen nachweist, so folgt aus der Kant'schen Philosophie vielmehr mit Notwendigkeit, dass das Band zwischen theoretischer und praktischer Philosophie, zwischen wissenschaftlicher Welterklärung und philosophischem Weltverständnis ein engeres ist, als es nach Kants Darstellung scheint. Auch Kaftan spricht von einem formalen Gebrauch des Verstandes in der Glaubenslehre. Aus dem obersten Prinzip der Glaubenslehre müssen alle Glaubenssätze kraft der immanenten Logik des Systems abgeleitet werden. (Wahrheit d. chr. Rel. S. 571.) Schon hieraus ergiebt sich, dass die Beschränkung der theoretischen Erkenntnis auf die Einzelthatsachen in Natur und Geschichte unhaltbar ist. Ein solcher Gebrauch des Verstandes in einem Glaubenssystem wäre unmöglich, wenn sich die theoretische Vernunft nicht im Wissensinteresse auch auf praktisch erfahrene Werte richtete. Es ist unmöglich, die theoretische Vernunft auf die unterste Stufe des menschlichen Geisteslebens zu beschränken und die praktische Vernunft als die höhere darüber zu stellen. Vielmehr richtet sich die theoretische Erkenntnis auf den Gesamtinhalt unserer Erfahrungen. Auch die praktischen Gemütserfahrungen, die sittlichen wie die religiösen, dienen zur Erweiterung unserer Erkenntnis.

Kaftan sucht nun diesen angeblichen Gegensatz zwischen theoretischer Erkenntnis und praktischer Glaubenserfahrung eingehend zu begründen, indem er die theoretische Vernunft auf die unterste Stufe herabzudrücken sucht. Das Erkennen könne sich immer nur auf Einzeldinge richten. Mit einem Wissen von Einzeldingen beginne der Erkenntnisprozess; das Ideal des Wissens sei gleichfalls die schrankenlose Erkenntnis aller Einzeldinge. Alles was darüber hinaus geht, jeder Versuch, Zusammenhänge, Gruppen, Klassen,

Gesetze in den Dingen zu erkennen, werde nur durch eine störende Einmischung des Willens in den Erkenntnisprozess hervorgerufen. Dem steht entgegen, dass unser Erkennen nicht willkürlich, sondern durch den Zwang der Thatsachen dazu fortschreitet, zusammengehörige Gruppen von Dingen und Vorgängen zusammenzufassen, so zu allgemeinen Begriffen aufzusteigen und ferner die in den Dingen waltenden Gesetze zu erkennen. Die Allgemeinbegriffe sollen willkürliche Schöpfungen unsres Geistes sein, weil dem Allgemeinbegriff als solchem nichts Wirkliches entspricht. (Vgl. hiergegen schon das im vorigen Kapitel S. 40 gegen Ritschls Anschauungen von den Allgemeinbegriffen Bemerkte.) Der Allgemeinbegriff ist durchaus nicht blos, wie Kaftan behauptet, „ein Produkt des erkennenden Geistes zum Zweck des Wissens vom Einzelnen". Zwar dient ein Allgemeinbegriff auch zur Erleichterung der Kenntnis des Einzelnen. Aber er dient nicht bloss hierzu und kann darum nicht als Schöpfung des menschlichen Geistes angesehen werden, die zu dem Zweck hervorgebracht wäre, die Erkenntnis des Einzelnen zu erleichtern und der Dinge auf die einfachste Weise Herr zu werden. Sondern es ist ein legitimes Streben unseres Geistes, nicht bloss die einzelnen Dinge zu erkennen, sondern auch die Gruppen und Klassen, zu denen sie gehören, endlich die in ihnen waltenden Gesetze. Ein vollkommenes Wissen würde nicht bloss, wie Kaftan behauptet, in lauter nominibus propriis bestehen, sondern es würde in und mit den Einzeldingen zugleich die Zusammenhänge in und unter ihnen erfassen.

Das praktische Streben, der Dinge Herr zu werden, mischt sich nach Kaftan überall da störend in den Erkenntnisprozess ein, wo wir noch mehr als bloss zusammenhangslose Einzeldinge zu erkennen suchen. Alle Kausalzusammenhänge in der Natur sollen nicht objektiv existiren, sondern willkürliche Hereintragungen unsers Subjekts sein. Während Kant dem Kausalitätsbegriff objektive Bedeutung für die Erfahrungswelt zuschrieb, will Kaftan in engem Anschluss an Hume das propter hoc in ein post hoc auflösen. Aber er übersieht, dass die Zeitfolge ebenso wie der Ursachbegriff etwas Apriorisches ist. Wie schon Kant nachgewiesen hat, lässt sich darum die Kausalität nicht auf die Konstatierung einer zeitlichen Aufeinanderfolge zurückführen. Ferner ist es inkonsequent, dem Begriff der Ursache auf dem Gebiet des geistig-geschichtlichen Lebens objektive Bedeutung zuzuschreiben, und auf dem Gebiete der Natur diese zu leugnen. Alle in der Natur wirksamen Gesetze sind nach Kaftan nichts objektiv Wirkliches, sondern willkürliche Schöpfungen unseres Geistes. Z. B. die neu entdeckten Röntgen-Strahlen beruhen nach ihm nicht auf einem Naturgesetz, sondern sie sind eine Erfindung des menschlichen Geistes zu dem Zwecke, um der Dinge Herr zu werden. Aber es wäre unbegreiflich, wie wir diese Absicht, die Welt zu beherrschen, erreichen könnten, wenn nicht den von uns gefundenen Gesetzen etwas Objektives in der Natur entsprechen würde. Die Gesetze können also nicht willkürlich von uns in die Dinge hereingetragen sein, sondern sie müssen wirklich objektiv in der Natur walten.

Somit finden wir auch bei Kaftan keine befriedigende Darlegung des Verhältnisses von Philosophie und Religion. Das theoretische Wissen wird unberechtigter Weise herabgedrückt. Überall, wo sich das Erkennen auf Zusammenfassung des Einzelnen richtet und nach höheren Einheiten strebt, wird eine Trübung des Erkennens durch den Willen gefunden. Obwohl er die Glaubenserkenntnis das höchste Wissen nennt und das Streben des Frommen nach wirklicher Gotteserkenntnis hervorhebt, will er doch dies Erkennen von allem anderen theoretischen Erkennen scharf scheiden, weil die Glaubenserkenntnis auf praktische Erfahrungen zurückgeht und einen besonderen Wert für den Frommen hat. In Wahrheit aber müsste zugegeben werden, dass durch die auf praktischer Grundlage ruhende Erkenntnis, wofern sie nicht blosse Einbildung sein soll, auch unser theoretisches Wissen bereichert wird. Es ist darum unberechtigt, das theoretische Erkenntnisstreben von dem Gebiet auszuschliessen, auf welchem praktische Erlebnisse in Betracht kommen. Es ist vielmehr ein legitimes Streben des theoretischen Erkennens, zu ermitteln, inwiefern durch jene praktischen Erfahrungen unser Weltbild bereichert wird. Somit ist das Band zwischen wissenschaftlicher Welterklärung und praktisch-religiösem Weltverständnis, das Kaftan zerschnitten zu haben glaubte, wiederhergestellt. Denn 1. die theoretische Wissenschaft führt von selbst von ihren Einzelfragen aus zu umfassenden, nur innerhalb der Philosophie zu lösenden Problemen. 2. Auch die theoretische Wissenschaft hat es mit der Erforschung der in der Geschichte aufgetretenen Ideale zu thun und zunächst deren Thatsächlichkeit und Wirksamkeit festzustellen. 3. Diese Arbeit ist nicht möglich ohne eine Beteiligung des Innenlebens, ohne ein wenigstens hypothetisches Nacherleben der in den Idealen und Werten an den Menschengeist ergehenden Forderungen und Zumutungen. (Vgl. Reischle, Die Frage n. d. Wesen d. Relig. S. 10ff.) 4. Infolgedessen ist es eine weitere, sich unmittelbar anschliessende Aufgabe der Wissenschaft, die menschlichen Geistesideale zu beurteilen und nach ihrem Werte abzumessen. Die Geschichtswissenschaft führt von selbst zur Geschichtsphilosophie, und alle in grossem Stil geschriebene Geschichte ist zugleich Geschichtsphilosophie. Beide Aufgaben, die Erforschung der thatsächlich aufgetretenen Ideale und ihre Beurteilung, bedingen sich gegenseitig, geben sich gegenseitig neue Antriebe und gehen von selbst in einander über. Es ist daher unberechtigt, wenn Kaftan (ZThK 1898 S. 79) gegen Tröltsch fordert, die Kenntnisnahme des Wirklichen in der Geschichte sei von der Beurteilung des Ideals scharf zu trennen. (Vgl. dagegen Tröltsch ZThK 1898 S. 33.) Es ist somit die Aufgabe der Philosophie, das was Kaftan trennen will, Erforschung des Einzelnen und Beurteilung der geistigen Güter der Menschheit, vielmehr zu einem Ganzen zu vereinigen, Wesen und Wert der Wirklichkeit festzustellen.

Die Folgen der falschen Verhältnisbestimmung zwischen religiösem und philosophischem Erkennen in der Schule Ritschls sind 1. Die Einheit der Kultur und des menschlichen Geisteslebens wird aufgehoben, wenn neben einander zwei Gebäude des Erkennens bestehen sollen, des uninteressierten, theoretischen und des praktisch wertvollen religiösen. 2. Zwar nicht der Absicht der Ritschl'schen Schule gemäss, aber de facto wird andern Denkern die objektive Wirklichkeit des zweiten Gebäudes zweifelhaft werden; es wird ihnen wie ein schönes Luftschloss erscheinen. 3. Wo die religiöse Erkenntnis trotz der anfänglichen Absperrung beider Gebiete in Berührung mit der philosophischen Erkenntnis kommt, werden a) entweder Anleihen bei der philosophischen Metaphysik erhoben, so von Ritschl in seiner spekulativen Konstruktion der Persönlichkeit Gottes, in seinem in der 1. Aufl. seines Hauptwerks versuchten theoretischen Gottesbeweis, b) oder der Geltungsbereich der Philosophie wird möglichst beschränkt, so bei Ritschl, Herrmann und Kaftan in verschiedener Weise, c) oder das Weiterdenken wird verboten, so von Ritschl und Herrmann in der Wunderfrage; d) oder man sagt sich überhaupt von der Logik los; diese gelte nur für das niederste Gebiet des menschlichen Geisteslebens, so besonders deutlich A. Bonus auf Grund einiger Andeutungen bei Ritschl.

Die letzteren drei Punkte sind noch an einigen Beispielen zu erhärten.

Ritschl behauptet (R. V. III[3] S. 24), die christliche Weltanschauung stehe zu allen philosophischen Weltanschauungen im Gegensatz. In seiner nachgelassenen Schrift „Fides implicita“ S. 81—84 sucht Ritschl insbesondere die christliche Weltanschauung gegen die modernen Weltanschauungen, die von dem Entwicklungsbegriff ausgiebigen Gebrauch machen, in Gegensatz zu stellen. Nun ist aber der Entwickelungsbegriff in seiner Anwendung sowohl auf die Natur, wie auf das geistige Leben ein unveräusserlicher Bestandteil alles modernen Denkens. (Vgl. z. B. Tröltsch GGA 1894 S. 843, ZThK 1893 S. 199 ff. M. Schian, Der moderne Mensch und das Christentum S. 36. Reischle, Christentum und Entwickelungsgedanke. Harnack, Das Christentum und die Geschichte S. 5.) Die Aufgabe des Theologen ist es vielmehr, zu zeigen, dass das Christentum mit diesem Gedanken nicht in Widerspruch stehe, wie dies Tröltsch, Harnack, Reischle versuchen. Die Theologie hat den Entwicklungsbegriff in ihre Methode der Forschung aufzunehmen und in seiner Anwendung genauer zu bestimmen. Die Einwendungen Ritschls gegen diese modernen Weltanschauungen gehen von seinem positivistischen Erkenntnisprinzip aus: Nur was der einzelne unmittelbar beobachtet habe, dürfe von ihm als wissenschaftlich geltend anerkannt werden. Demgemäss wendet Ritschl gegen die Weltanschauung, die eine allmähliche Entwicklung der Erdperioden annimmt, ein: 1. In ihr seien Lücken, die nur durch Hypothesen ausgefüllt werden könnten. 2. Nur vermöge der Einbildungskraft könnte man vieles deutlich machen, was moderne Naturforscher behaupten. Indessen auch wenn eine Wissenschaft mit Hypothesen arbeitet, fällt sie damit noch nicht aus dem Charakter der Wissenschaft heraus. (Vgl. Volkelt, Erfahrung und Denken, S. 393 ff.) Es genügt darum nicht zum Beweis der Unwissenschaftlichkeit einer Weltanschauung, wenn man ihr nachweist, dass die Lücken durch Hypothesen ergänzt sind. Ebenso ist die Phantasie doch nur die psychische Vorstellungshilfe, nicht die treibende Kraft dieser Weltanschauung. Allein der Zwang kausalen Denkens ist der Urheber der schrankenlosen Durchführung des Entwickelungsbegriffs. Die Theologie hat keinen Grund, diesen Begriff abzulehnen. (Vgl. auch Bonus, Von Stöcker zu Naumann.)

Ritschl behauptet (R. V. III[3] S. 582), jede philosophische und naturwissenschaftliche Weltanschauung müsste Wunder annehmen, da ihre Theorien stets lückenhaft sind. Aber man kann der Wissenschaft unmöglich zumuten, Wunder da anzunehmen, wo sie bisher noch keine erklärbaren Gründe gefunden hat. (So Flügel gegen Ritschl a. a. O. S. 26. Vgl. Bonus, Zwischen den Zeilen II. S. 122ff. F. A. Lange, Gesch. des Materialismus II[3] S. 280: „Was die Wissenschaft nicht natürlich erklären kann, das erklärt sie eben gar nicht.") Ritschl mutet hier der Wissenschaft ein unberechtigtes Ueberspringen auf das religiöse Gebiet zu: Wo die Wissenschaft mit ihren Erklärungsversuchen auf Lücken stosse, solle sie genötigt sein Wunder anzuerkennen. Ziemlich unklar sind seine sonstigen Ausführungen über die Wunder (Unterricht [3] § 17; ferner schon im Streit gegen Zeller JdTh 1861 S. 429ff. Hist. Ztschr. (Bd. 8) 1862 S. 97ff.) Mit Recht polemisiert Ritschl dagegen, dass man das Wunder „von vornherein" an der wissenschaftlichen Annahme eines gesetzlichen Zusammenhanges aller Naturerscheinungen misst. Die religiöse Erkenntnis nehme nur im Zusammenhang mit der speziellen Vorsehung Gottes Wunder wahr. (Ebenso Teichmüller, Rel.-Phil. S. 166ff.) Aber trotz Ritschls Verbot wird die Frage immer wieder aufgeworfen werden: Wie verhalten sich die als Wunder im Glauben erlebten Ereignisse zu dem gesetzlichen Zusammenhange der Welt? Ritschl spricht von der „Wahrscheinlichkeit" des naturgesetzlichen Zusammenhanges der ganzen Welt. Er lässt somit vorsichtiger Weise die Möglichkeit offen, dass ein solcher Zusammenhang doch am Ende nicht überall bestehe. Ritschl behauptet nun weiter: „Wenn jedoch gewisse Erzählungen von Wundern in den biblischen Büchern gegen diese Regel (dass der Wunderglaube vereinbar sei mit der Annahme naturgesetzlichen Zusammenhanges der Welt) zu verstossen scheinen, so ist es weder eine wissenschaftliche Aufgabe, diesen Schein zu lösen oder ihn als Thatsache festzustellen, noch ist es eine religiöse Aufgabe, jene erzählten Ereignisse als göttliche Wirkungen gegen die Naturgesetze anzuerkennen." Hier wird das Weiterdenken gewaltsam verboten. Ritschl zieht sich vorsichtig von dem Problem zurück: Wie ist zu urteilen, wenn die biblischen Wunder faktisch den Naturgesetzen widersprechen? Hier, wo sich deutlich zeigt, dass die religiöse und die wissenschaftliche Weltanschauung nicht gegen einander gleichgiltig sind, sucht Ritschl das Denken zurückzuschrauben, so dass ein Konflikt vermieden wird.

Ganz ähnlich sind die Ausführungen Herrmanns über die Wunder (Die Rel. S. 383; vgl. dagegen Weizsäcker ThLZ 1879 Sp. 597). Einfacher stellt sich für Kaftan die Frage nach dem Verhältnis des Wunders zum Naturgesetz. Nach Kaftan sind die Gesetze in der Natur nichts Objektives, sondern nur Konstruktionen des menschlischen Verstandes, mit denen er die Wirklichkeit durchzieht, um sie zu beherrschen. Die Frage, wie es uns gelingen könne, die Welt als einen geordneten Kosmos diesen Gesetzen entsprechend zu erkennen und unsere Handlungen nach diesen Gesetzen zu richten, wenn ihnen nicht die Dinge an sich entsprechen, bleibt bei Kaftan unbeantwortet. Da die Naturgesetze nicht objektiv an sich vorhanden sind, fällt naturgemäss auch die Frage nach dem Verhältnis von Wunder und Naturgesetz fort. (Wahrh. d. chr. Rel. S 335 ff. Dogm. §§ 25—27.)

Die vierte Folgerung, dass die Theologie unbekümmert um die theoretische Denkbarkeit ihre Weltanschauung aufbauen dürfe, findet sich in voller Klarheit erst bei A. Bonus, der freilich eben so sehr wie von A. Ritschl hierin von Fr. Nietzsche beeinflusst ist. Aber eine Verbindungslinie mit der Ritschl'schen Theologie lässt sich auch hier nachweisen. Wenn religiöse Werturteile von theoretischen Erkenntnissen scharf geschieden sein sollen, so scheint es ein Uebergriff des theoretischen Erkennens auf ein ihm fremdes Gebiet zu sein, wenn man die religiösen Aussagen auf ihre theoretische Vollziehbarkeit hin prüft. Es genügt einfach, den Zusammenhang der Weltanschauung des Christen mit seinem religiösen Empfinden darzulegen. Auch wenn sie in sich widerspruchsvoll ist, darf sie darum nicht für falsch gelten, wenn der Mensch mit religiösem Interesse an ihr hängt.

Ritschl kommt R. V. III³ S. 200 auf diese Anschauung hinaus. Er polemisiert zwar mit Recht gegen „die den philosophischen Idealismus beherrschende Voraussetzung, dass das Gesetz des theoretischen Erkennens das Gesetz des menschlischen Geistes in allen seinen Funktionen sei". Aber Ritschl fährt dann fort, dass „das Gefühl für sogenannte Verstandesgründe unempfänglich" sei, und folgert daraus, dass die christliche Weltanschauung nicht nach den Gesetzen des theoretischen Erkennens zu beurteilen sei. Hier ist doch zweierlei vermischt. Das theoretische Erkennen ist zwar nicht Urheber der religiösen Weltanschauung; aber sobald ich auf Grund praktisch-religiöser Erfahrung eine Erkenntnis ausspreche, tritt hier der theoretische Faktor im menschlichen Geiste in sein volles Recht ein und sucht nach seinen Gesetzen diese Erkenntnis zu beurteilen und zu bestimmen. Vgl. dazu O. Bertling, die Erkennbarkeit Gottes (1885) S. 38: „Sobald der Inhalt der Religion oder des religiösen Bewusstseins irgendwie begrifflich formuliert ist, so unterliegt diese Formulierung auch den logischen Gesetzen." Auch R. Seydel (Rel.-Phil. S. 118) findet in diesen Aussagen Ritschls eine „Abkehr von der Logik". Er bemerkt: „Wenn dann auf solche „Verstandesgründe" nicht gehört wird, ist es nicht „das Gefühl", welches darauf nicht hört, sondern der Unverstand."

Noch deutlicher und krasser hat A. Bonus es ausgesprochen, dass die religiöse Wahrheit der Logik widersprechen müsse, weil sie ein schöpferisches Erzeugnis der freien, menschlichen Persönlichkeit sei. Vgl. „Von Stöcker zu Naumann" S. 42: „Was liegt mir an deiner Logik! Ist denn dein schlagendes Herz nicht mehr als deine lederne Logik? Mit Ausnahme des kleinen Gebietes, auf das die Logik hingehört, hat sich alles Grosse gegen die Logik durchgesetzt." Ebenso S. 13 ff., 39 ff. ChrW 1899 Sp. 83: „Alle Religionen bisher .... stammen aus der geistigen Schöpfung des Selbstbewusstseins kräftiger Persönlichkeiten. Ihr Beweis? Hier gilt: Stat pro ratione voluntas. Der Wille zu ihnen ist ihr Beweis." (Vgl. Sp. 101. 219 ff.) Diese kräftige Hervorhebung des Gedankens, dass die Religion ein Erzeugnis des persönlichen menschlichen Geisteslebens, nicht des blassen logischen Denkens ist, kann als geschichtlich berechtigte Reaktion gegen die liberale Theologie gelten, die oft in der Erörterung der dem christlichen Glauben gesetzten Verstandesprobleme aufging. Es darf mit Recht betont werden, dass die Macht des Gemüts in der Religion stärker ist als die Macht des Denkens. Aber wenn unser Menschengeist im letzten Grunde eine Einheit ist, so können wohl zeitweilig seine einzelnen Funktionen in Spannung zu einander geraten, aber alle sogenannten Antinomieen, die im Gebiet des religiösen Erkennens auftreten, fordern doch dazu auf, eine höhere Einheit zu finden, in der sich alle Gegensätze lösen. Gewiss vermag die Logik nicht die höheren Werte des menschlichen Geisteslebens hervorzubringen, und das Gesetz des theoretischen Erkennens ist nicht das Gesetz des Geistes in allen seinen Funktionen. Aber sobald auf Grund empfundener Werte Erkenntnisse ausgesprochen werden, ist die Logik Herrscherin auf diesem Erkenntnisgebiet. Und es geht nicht an, mit Ritschl oder gar mit Bonus unbekümmert um die Logik oder unter Schelten auf den Logikfanatismus eine religiöse Weltanschauung aufzubauen.

Kapitel 3.

Die Frage nach dem Wesen der Religion und die Bedeutung der Religionsphilosophie.

Vgl. auch Reischle, Die Frage nach dem Wesen der Religion 1889. — O. Kuttner, Eine neue Religionsphil. u. d. zweifelhafte Wert d. Rel.-Phil. als Wissenschaft. Gymn.-Prog. Gnesen 1891. — Th. Ziegler, Religionsphilosophisches, ZPhKr 1894 Bd. 103 S. 198 ff. — E. Tröltsch, Die Selbständigkeit der Religion, ZThK 1895 S. 361 ff. 1896 S. 71 ff. Geschichte und Metaphysik, ZThK 1898 S. 1 ff. Dagegen Kaftan, Die Selbständigkeit des Christentums, ZThK 1896 S. 373 ff. Ferner ZThK 1898 S. 70 ff.

Im Zeitalter der Orthodoxie war es unnötig, eine Religionsphilosophie auszubilden, die das Gesamtgebiet der Religion umfasste. Denn das Christentum stand als die allein auf übernatürlicher Offenbarung beruhende Religion in zu ausschliesslicher Weise allen andern Religionen gegenüber. Aber der Gegensatz des Christentums zu den ausserchristlichen Religionen hat sich mehr und mehr erweicht. Auch die Forscher, welche im Christentum die höchste Religion sehen, geben doch zu, dass nicht die christlichen Dogmen als übernatürlich geoffenbarte Wahrheiten zu gelten haben. Sie sind Versuche des Menschengeistes, mit den ihm zu Gebote stehenden Denkformen den religiösen Bewusstseinsinhalt auszudrücken. Die menschliche Seite der Religion hat damit der göttlichen gegenüber einen weit grösseren Raum gewonnen. Nach dieser Seite kann daher das Christentum mit den anderen Religionen verglichen werden. Die Gesetze der Bildung religiöser Vorstellungen aus inneren Erfahrungen gelten überall gleichmässig. Ferner enthalten auch die ausserchristlichen Religionen nicht bloss Irrtum, sie beruhen nicht auf blosser Täuschung, sondern auch in ihnen ist eine Kundthuung Gottes und ein wirkliches Verhältnis des Menschen zu Gott anzuerkennen. Das Gesamtgebiet der Religion ist somit ein einheitliches, das trotz seiner Wechselbeziehungen zu Wissenschaft und Kunst doch ein selbständiges Leben in sich hat. Daher ist die Religionsphilosophie eine legitime Wissenschaft. Sie hat dies Gesamtgebiet nach seinem eigentümlichen Wesen, nach dem Werdegang seiner Entwicklung, nach seiner Bedeutung und seinem Wert für den Menschen zu erforschen. Die Absicht der Religionsphilosophie ist nicht etwa, wie Kaftan meint, eine „Verbesserung des Christentums aus der Religionsphilosophie" zu erstreben (ZThK 1898 S. 76), sondern weil dies Gebiet ein einheitliches ist, muss auch die Religionsphilosophie das Ganze umfassen. Die Ritschl'sche Theologie befindet sich dieser Aufgabe der Religionsphilosophie gegenüber in einer eigentümlichen Lage. Sie hat viel von dieser neueren Wissenschaft aufgenommen. Ritschl wie Kaftan und Herrmann stellen einen Begriff vom „Wesen der Religion" auf, der auf die Religion in allen ihren Arten und Stufen passen soll. Darin liegt aber schon die Anerkennung eines gemeinsamen Gebietes, das demnach eine gemeinsame Behandlung zulässt. Die Ritschlianer suchen aber dies Zugeständnis wieder ungiltig zu machen, indem sie bestreiten, dass die Religionsphilosophie das Recht habe, über die Wahrheit der Religion ein Urteil zu fällen. Hierzu trägt bei 1. dass sie das Christentum in ähnlicher Weise wie die altprotestantische Theologie auf Offenbarung zu gründen suchen, 2. dass die Werturteile, in denen die Offenbarung begriffen wird, von der theoretischen Wissenschaft streng geschieden sind. Dieser gegenüber können sie nur als eigensinnig festgehaltene Vorurteile gelten. 3. Wenn die Religionsphilosophie die Wahrheit der Religion ermitteln kann, so wird die Einmischung der Metaphysik in die Religion befürchtet.

Auch Lipsius (Dogm. [3]§§ 18 ff. Philos. u. Relig. S. 198 ff.) will die Religionsphilosophie darauf beschränken, dass sie nur die äussere Struktur der religiösen Bewusstseinsvorgänge darlegen soll; sie soll also nur Religionspsychologie sein. Ein Urteil über Wert und Wahrheit der Religion soll sie nicht abgeben dürfen. Und doch ist dies von jeher ihre Hauptaufgabe gewesen. Es ist nur auf die religionsphilosophischen Werke, z. B. von Schleiermacher,

Kant, Pfleiderer, Teichmüller, Rauwenhoff, Siebeck, Seydel zu verweisen. Was hätte es auch für einen Wert, nur auf die Psychologie der Religion einzugehen, ohne die Bedeutung und Wahrheit der Religion zu erforschen. Die neukantische Beschränkung des Wesens der Wissenschaft auf die Erforschung des Kausalzusammenhanges in der Natur und in der Aufeinanderfolge der Bewusstseinsakte ist der Grund für diese Beschneidung der Aufgabe der Religionsphilosophie. Weit richtiger haben Rauwenhoff und Seydel dargelegt, dass es ausser den Kausalwissenschaften Normwissenschaften gebe, die es mit der Beurteilung eines Thatbestandes zu thun haben. Nach Lipsius wie nach Ritschl fällt diese Aufgabe über den Rahmen der Wissenschaft hinaus; wofern man aber zugiebt, dass in allen Menschen eine religiöse Anlage vorhanden ist, kann es auch eine Beurteilung der Religion geben, die sich an das religiöse Empfindungsvermögen aller Menschen wendet, dieses zu klären und zu berichtigen sucht. Genau so wie die Ethik sich an das sittliche Empfindungsvermögen, die Ästhetik an das Gefühl für das Schöne wendet, wird auch die Religionsphilosophie das religiöse Erfahrungsvermögen voraussetzen. Die eigene Ueberzeugung braucht dabei nicht, wie O. Kuttner meint, den Forscher zu einem voraussetzungsvollen, mit hartnäckigen Vorurteilen an die Arbeit gehenden Mann zu machen, sondern es wird seine Aufgabe sein, sich mit seinem Anempfindungsvermögen liebevoll auch in fremde religiöse Anschauungen zu versetzen; und wenn seinem vernünftigen Urteil und religiösen Gefühl andere religiöse Sätze wahrer erscheinen, wird er sie annehmen müssen. Auch ein christlicher Theologe wird nicht jede Prüfung der Wahrheit des Christentums von vorn herein abweisen dürfen, sondern er wird sich sympathisch in alle vom Christentum abweichenden Religionsideale hineinzuversetzen haben. Er darf das Vertrauen haben, dass auch bei aller Abstraktion von den Voraussetzungen seiner christlichen Erziehung das Christentum sich als das höchste erweist, weil es allein die religiöse Anlage des Menschen zur Vollendung bringt. Die Werturteile, aus denen Ritschl eine besondere theologische Methode herleitet, sind somit in aller Wissenschaft, insonderheit der Religionsphilosophie giltig. Nur stehen sie nicht in ausschliessendem Gegensatz zu einer uninteressierten Auffassung des gegebenen Thatbestandes. Es wird auch nicht möglich sein, mit Kaftan (Wesen [2]S. 4 ff., ZThK 1896 S. 383) gegen Tröltsch Geschichte und Idealbegründung zu scheiden.

Denn an die Darlegung der Geistesideale, die in der Geschichte thatsächlich aufgetreten sind, schliesst sich von selbst die Beurteilung des Wertes dieser Ideale auf Grund der praktischen Vernunft des Menschen an. Schon die Auffassung der thatsächlich in der Geschichte aufgetretenen Religionen ist nicht möglich ohne eine Mitbeteiligung des Innenlebens (Kaftan, Wesen [2]S. 16), ohne ein hypothetisches Nacherleben und sich Hineinversetzen in die fremde Geisteswelt (Reischle S. 9ff.). An dieses Nachfühlen schliesst sich daher von selbst das Beurteilen an. Die Religionsgeschichte wird daher von selbst zur Religionsbeurteilung, denn die Unterscheidung der Religionen nicht blos nach Arten, sondern auch nach Stufen führt von selbst hierzu. Die Kaftan'sche Darlegung des Wesens der Religion würde weit fruchtbarer werden, wenn er von vorn herein die Beurteilung der Religionen nach ihrem Wert hinzubrächte und sie demgemäss als stufenmässige Entwicklung zur vollendeten Religion hin darstellte. (Vgl. Köstlin StKr 1888 S. 11.) Eine gemeinsame Arbeit ist auch dann möglich, denn die Gründe, nach denen jeder Forscher die Religionen wertet und beurteilt, bieten sich selbst wieder der Beurteilung andrer dar. Sie sind nicht undiskutierbare Vorurteile, sondern wachsen selbst aus der Kenntnisnahme und dem Verständnis der geschichtlichen Religionen hervor.

Die Ritschl'schen Ausführungen über „das Wesen und die Hauptmerkmale der Religion“ (R. V. III § 27) sind weder methodisch noch inhaltlich klar und einheitlich. Besonders die seit der 2. Aufl. hinzugekommenen Auseinandersetzungen mit Kaftan stehen zum Teil in Widerspruch mit dem aus der 1. Aufl. herübergenommenen Text, wie dasselbe schon bei § 28 bemerkt werden musste. Ihn leitet bei diesen Ausführungen durchaus schon die Absicht, einen scharfen Gegensatz des theoretischen und religiösen Erkennens herauszufinden. Die eigentliche Definition des Wesens der Religion tritt uns als eine Behauptung ohne den Versuch eines Beweises entgegen (III [3]S. 185 und schon vorher ebenso S. 17; vgl. S. 473, Th. M. [2]S. 9). Es wird nicht gesagt, wie dieser Allgemeinbegriff gewonnen ist, noch wird irgend ein Versuch gemacht, ihn gegen verwandte oder entgegengesetzte Anschauungen abzugrenzen oder zu verteidigen. Es wird auch nicht irgendwie nachgewiesen, dass dieser Begriff auf alle Religionen passe. (Gegen diese Methodelosigkeit vgl. Teichmüller, Rel. Phil. S. 23 ff.,

Pfennigsdorf S. 64). Die Definition lautet: „Alle Religion ist Deutung des in welchem Umfang immer erkannten Weltlaufs, in dem Sinne, dass die erhabenen geistigen Mächte (oder die geistige Macht), welche in oder über demselben walten, dem persönlichen Geiste seine Ansprüche oder seine Selbständigkeit gegen die Hemmungen durch die Natur oder die Naturwirkungen der menschlichen Gesellschaft erhalten oder bestätigen.“ (III [3]S. 17.) „So ist die Religion überhaupt die Funktion, in welcher die Spannung zwischen der gegebenen Lage des geschaffenen Geistes und seinen Ansprüchen gegen die Naturwelt gelöst werden soll.“ (III[3] S. 473.) Diese Definition soll auf „alle“ Religion passen. Das Christentum ist darum die vollendete Religion, weil es diese Selbstbehauptung der Person, die in allen andern Religionen nur erstrebt wird, wirklich erreicht (S. 191, S. 472 ff.). Wir werden in diesem Religionsbegriff ein Merkmal der individuellen, eigenartigen religiösen Stimmung Ritschls sehen dürfen, wie sie im 1. Abschnitt geschildert ist. Es lässt sich durch sein ganzes System hindurch verfolgen, wie dieser Religionsbegriff für seine Auffassung des Wesens des Christentums massgebend gewesen ist. Die Vollkommenheit des Christen besteht darin, dass er durch das Christentum befähigt ist, ein geistiges Ganze in seiner Art zu werden (R. V. III[3] S. 615, 555; vgl. den Vortrag über die christl. Vollkommenheit, Göttingen 1874). Die Freiheit von der Welt oder die Herrscherstellung über sie ist auch das Hauptmerkmal des ewigen Lebens (III[3] S. 476; 161 ff.). Da nun die Zweckbeziehung der Rechtfertigung auf das ewige Leben oder auf die christliche Vollkommenheit erst den praktischen Ertrag des Christentums herausstellt (III[3] S. 465 ff., I[3] S. 181 ff.), so gipfelt das persönliche Christentum in dem Selbstgefühl des über die Welt und ihre Übel sich erhaben fühlenden Menschen. Aus der biblischen wie der reformatorischen Verkündigung werden vor allem die Gedanken assimiliert, welche sich mit diesem Religionsbegriff in Verbindung bringen lassen. Ohne gewaltsame Umdeutungen geht es dabei nicht ab (vgl. besonders die akademische Lutherrede 1883). Auch der Person Christi kommt nach Ritschl darum das Prädikat der Gottheit zu, weil sie das „Urbild der geistigen Beherrschung der Welt“ ist (III[3] S. 367 ff., 426 ff., 474).

Diese Begriffsbestimmung der Religion trifft nicht den Kern der Religion, sie hebt in einseitiger Weise eine Begleiterscheinung der Religion hervor, die sich nicht in allen Religionen findet, auch nicht im Mittelpunkt der Religion steht. Zur Beurteilung dieses Religionsbegriffs ist zu vergleichen J. Heer, Der Religionsbegriff A. Ritschls 1884, J. Köstlin, Religion nach dem Neuen Test. StKr 1888 S. 7ff.; der Ursprung der Religion, StKr 1890 S. 213ff.; Pfleiderer, die Ritschl'sche Theol. S. 20f., Kaftan, Wesen [2]S. 82ff., Teichmüller, Rel.-Phil. S. 23ff., Lipsius, Philos. u. Relig. S. 213ff., Pfennigsdorf S. 60ff., Frank, Zur Theol. Ritschls [3]S. 12ff., Lemme S. 7ff.

1. Der Religionsbegriff Ritschls passt nicht auf die niederen Stufen der Religion, da in diesen der Mensch sich nicht von der ihn umgebenden Natur unterscheidet. 2. Wenn ferner die Religion nur das Mittel ist, durch das der Mensch sein Selbst zu behaupten sucht, so lässt sich nicht einsehen, wie er dazu die Hilfe Gottes braucht. Die Religion tritt damit auf eine Linie mit allem Kulturstreben. Es war daher nur eine Konsequenz des Ritschl'schen Religionsbegriffs, wenn Bender (Das Wesen der Religion 1886; der Kampf um die Seeligkeit 1888) den göttlichen Faktor aus der Religion ganz beseitigte und sie aus dem Streben des Menschen, sich im Kampf ums Dasein zu behaupten, herleitete. 3. Gegen Ritschls Ableitung der Religion, ebenso aber auch gegen die verwandte Kaftan'sche Definition, dass die Religion aus dem Verlangen des Menschen nach Gütern, nach Leben hervorgehe, lässt sich einwenden: Sie erklärt nicht, „die geheimnisvolle dunkle Gewalt, welche die Religion über die Menschen besitzt und behauptet, für deren blosses Phantasiegebilde man sie halten möchte, und mit welcher sie ihnen Lasten, Kämpfe, Qualen auferlegt, während sie ihnen Genuss, Sieg und Glück schaffen sollte." (Köstlin StKr 1890 S. 256.) Als Grundphänomen aller Religion ist vielmehr ein Gefühl der Abhängigkeit von Gott festzustellen (so nach Schleiermacher auch A. Dorner, das Wesen der Religion, StKr 1883 S. 245ff.). Der Mensch fühlt sich irgendwie an die Gottheit gebunden; sonst würde er nicht an ihr festhalten. Er hat Religion, weil die Religion zuerst ihn hat (so Köstlin, Pfleiderer; ähnlich auch Rauwenhoff: sie beruht auf einem Gefühl der Achtung). Es liegt also eine ideale Wahrnehmung Gottes als des inneren oder waltenden Sinnes der Welt zu Grunde (Tröltsch, ZThK 1895 S. 413), die Erfahrung Gottes als einer schlechthinnigen Lebensmacht (Holsten, Ursprung und Wesen der Religion, PrKZ 1886 S. 680ff.). Diese Erfahrung steht

im Mittelpunkt aller Religion; ihr gegenüber kann das Streben des Menschen nach Leben, nach Gütern, nach Selbstbehauptung erst in zweiter Linie in Betracht kommen. Zunächst ist die Religion „bewusster Willenstrieb auf unbeschränkte Unterordnung unter das Göttliche.“ (Seydel, Rel.-Phil. S. 212.) Erst in zweiter Linie kann hinzugenommen werden die Hoffnung, in dieser Unterordnung die eigne Seligkeit zu finden. Ritschl wird somit dem tiefsten Motiv aller Religion nicht gerecht. Und was sein Religionsideal betrifft, so ist zu bemerken: 1. Er schiebt die neue Stellung des Menschen zur Welt, die erst eine Folge der Religion ist, in den Mittelpunkt des religiösen Verhältnisses der Menschen zu Gott hinein. 2. Ritschl wie Kaftan behaupten fälschlich, dass das Wesen aller Religion in einem Streben nach Gütern, nach Lebensbehauptung bestehe, während ihr Kern in dem Eingehen auf die im Gefühl inne gewordene Gebundenheit an Gott besteht. Nicht Verlangen nach Leben, nicht Trieb zur Selbstbehauptung, nicht Hilfe im Kampf ums Dasein ist es, was der Mensch in erster Linie in der Religion erstrebt, sondern er will zur Gemeinschaft mit Gott gelangen, weil er sich verpflichtet fühlt, Gott zu dienen, selbst wenn er keine Aussicht auf Belohnung, auf Lebensförderung hätte. Der Ritschl'sche wie der Kaftan'sche Religionsbegriff haben eine stark eudämonistische Färbung.

Bei Ritschl fliesst aus seiner starken Hervorhebung der neuen Stellung des Menschen zur Welt seine Abneigung gegen die Mystik in allen ihren Formen. Denn für die Mystik verschwindet die Welt ganz aus dem Gesichtskreis des Frommen. Die Seele hat es nur mit Gott selbst zu thun. In der That wird in jedem intensiven religiösen Akte die Welt mit allen ihren Gütern und Uebeln verschwinden.

Der tiefste Grund religiöser Gewissheit kann auch nur darin liegen, dass der Mensch in dem religiösen Akte Gottes selbst als sich geltend machender Kraft bewusst wird, sei es als tröstender oder helfender, belebender oder antreibender Macht. So war es der Grundgedanke der Reformatoren, dass der Sünder in der Rechtfertigung die persönliche Gewissheit empfängt: Dir sind deine Sünden vergeben. Bei Ritschl dagegen gewinnt die neue Weltstellung des Menschen die Bedeutung, dass sie ein Mittel der Vergewisserung des Menschen von Gottes Gnade ist. (III[3] S. 166; 616.) Der Kern der Rechtfertigungslehre ist nach Ritschl, dass der Mensch dadurch befähigt wird, ein Leben in Gottvertrauen, Geduld und Demut zu führen und sich hierin als eine über die Natur erhabene Grösse zu fühlen. Die Folgen der Rechtfertigung werden damit in den Mittelpunkt gestellt. Mit Unrecht wird die Mystik in einen Gegensatz zur Rechtfertigung gebracht. Denn der Zweck der Rechtfertigung ist nicht, den Menschen in eine erhabene Weltstellung zu versetzen, sondern ihn aus der Gottesferne in die innere Gemeinschaft mit Gott zu bringen.

Im einzelnen ist zu Ritschls Ausführungen über das Wesen der Religion noch zu bemerken: Obwohl er einen Allgemeinbegriff der Religion aufgestellt hat, der auf die Religion „in allen Fällen" gelten soll, tauchen ihm (seit der 2. Aufl. III² S. 182; III³ S. 185) doch wieder Zweifel auf, ob es überhaupt möglich sei, in einem Allgemeinbegriff alle Arten der Religion zusammenzufassen. Die positivistische Abneigung gegen alle Allgemeinbegriffe scheint ihn zu diesen Ausführungen bestimmt zu haben. Der Allgemeinbegriff von Religion ist zwar auch, wie Ritschl sagt (III³, S. 186), ein „Leitfaden für die Bestimmung der Hauptmerkmale von Religion", insofern ein Hilfsmittel für die Stufenordnung der Religion; aber zunächst besagt ein Allgemeinbegriff doch, dass das Gebiet, das wir unter ihm zusammenfassen, ein einheitliches ist. Trotz aller Verschiedenheit im einzelnen sind doch die Hauptmerkmale dieselben, wenn diese auch in den einzelnen Religionen einen andersartigen Inhalt bekommen. — Ritschl führt nun ferner mit Recht aus, dass es eine wissenschaftliche Aufgabe sei, die Stufenfolge der Religionen nachzuweisen (gegen Kaftan). Aber er hebt (III³ S. 187) diese Behauptung gleich wieder auf, indem er geltend macht, die Allgemeingiltigkeit der Stufenfolge könne nicht erreicht werden. Anhänger anderer Religionen würden nicht zustimmen. Hier spielt wieder die Entgegensetzung der praktischen und theoretischen Vernunft bei Ritschl herein. Die religiöse Ueberzeugung erscheint als ein der Wissenschaft gegenüber eigensinnig festgehaltenes Vorurteil. In Wahrheit wird auch die Wissenschaft Religionsideale auf Grund der wertenden praktischen Vernunft beurteilen können. Ferner kann als ein Beweis gegen die wissenschaftliche Giltigkeit einer Sache nicht angeführt werden, dass nicht sämtliche Menschen damit übereinstimmen; nicht auf allgemeine Zustimmung, sondern auf objektive Begründung im Wesen der Dinge kommt es an.

Kaftan wendet sich mit Emphase gegen die „gewöhnliche Methode" in der Begriffsbestimmung der Religion. (Wesen S. 1 ff.) Er wirft ihr vor, sie vermenge den Allgemeinbegriff von Religion mit dem Idealbegriff. Aber wenn der Allgemeinbegriff wirklich „alle" Religion umfasst, so muss er auch die vollkommene Religion in sich begreifen, also zugleich den Idealbegriff von Religion umfassen. Kaftans Allgemeinbegriff ist dagegen zu ausschliesslich von den niederen Stufen der Religion hergenommen. Konsequenterweise müsste Kaftan bestreiten, dass man einen Allgemeinbegriff der Religion aufstellen könne, weil das Christentum zu wenig Gemeinsames mit den niederen Religionen habe. Kaftan stellt einen völlig unhaltbaren Unterschied in der Begriffsbildung bei Naturdingen und in dem Gebiet des geistigen Lebens auf. Er behauptet (Wesen ²S. 6 ff.), auf dem Gebiete der Natur kehrten die den Dingen gemeinsamen Merkmale, die der Allgemeinbegriff zusammenfasst, als die gleichen wieder. Unser Interesse hafte an dem, was den Dingen gemeinsam ist. Auf dem Gebiete des geistig-geschichtlichen Lebens und so auch in der Religionsgeschichte kehren die gemeinsamen Merkmale nicht als konstante wieder. „Vielmehr besteht ein Hauptunterschied der Religionen darin, dass das ihnen gemeinsame Merkmal je nach der Art der bestimmten Religion einen ganz verschiedenen Inhalt gewinnt." In Wahrheit ist aber die Begriffsbildung im Gebiet der Natur und des Geisteslebens nicht im mindesten verschieden. Auch bei den Naturdingen ist es so, dass die gemeinsamen Merkmale je nach der Art des bestimmten einzelnen Dinges einen verschiedenen Inhalt erhalten. Auch bei Naturdingen ist der Allgemeinbegriff ein Mittel, um auf die Verschiedenheit der einzelnen Arten zu achten.

Dass der Wert der vollendeten Religion gerade in dem liegt, was sie von anderen unterscheidet (Wesen ²S. 9), ist vollkommen richtig, ebenso dass in der Entwicklung der Religion eine schöpferische Kraft liegt, die neues hervorbringt, was in den unteren Stufen noch nicht vorhanden war (S. 22). Aber die besonderen Eigentümlichkeiten der idealen Religion liegen doch innerhalb der Sphäre, die der Allgemeinbegriff umschreibt, wofern er wirklich Allgemeinbegriff ist; und die schöpferische Kraft der Entwicklung liegt gerade darin, dass die Merkmale des Allgemeinbegriffs einen ganz eigentümlichen Inhalt bekommen. Nach

Kaftan dagegen wächst die vollendete Religion über den Rahmen des Allgemeinbegriffs hinaus; sie enthält Züge, die von dem Allgemeinbegriff nicht mit umfasst werden. Dann ist aber der Allgemeinbegriff kein Allgemeinbegriff mehr; er passt nur auf die niederen Stufen der Religion. Konsequenterweise müsste er darauf verzichten, einen alles umfassenden Allgemeinbegriff aufzustellen. (Vgl. dazu auch Biedermann, Dogm. I² S. 191ff.)

Dritter Abschnitt.

Die theologischen Prinzipien Ritschls.

Es ist im vorigen Abschnitt hervorgehoben worden, dass Ritschl nicht von philosophischen Untersuchungen ausgegangen ist. Die treibende Kraft seiner Arbeit war sein Frömmigkeitsideal, wie es seiner Individualität entsprach, und wie er es in eigenartiger Verwendung der biblischen und der reformatorischen Verkündigung aus den Urkunden der Geschichte gefunden zu haben glaubte. Aber an dem Hauptproblem unserer Zeit, wie sich die Frömmigkeit zu aller sonstigen Geisteskultur verhalte, konnte auch Ritschl nicht vorübergehen. Indem er das religiöse vom wissenschaftlichen Erkennen zu trennen suchte, musste er notwendig zum Philosophen werden. Ja in seiner Schrift „Theol. und Metaphysik“ trat er geradezu als Gesetzgeber auf philosophischem Gebiet auf, wobei er doch nur in unklarer Weise Behauptungen aussprach, die der empiristisch-skeptischen Zeitstimmung entsprachen. Naturgemäss ist gerade um die Philosophie der Ritschl'schen Schule ein heftiger Streit entbrannt, der sich nur auf dem eigensten Gebiete philosophischer Forschung wird lösen lassen. Es zeigt sich auch hier, wie stark die Theologie von jeher von der Philosophie beeinflusst ist. Es ist unmöglich, ohne Rücksicht auf die Philosophie ein Gebäude der Dogmatik aufzurichten. Denn schon die Abgrenzung der Dogmatik von der Philosophie setzt ganz bestimmte philosophische Überzeugungen voraus. Nachdem wir diese beurteilt haben, bleibt uns noch die Wertung der theologischen Prinzipien Ritschls übrig.

1. Nach seinen eigenen Darlegungen (R. V. I § 1, III § 1) ist es die Aufgabe der Dogmatik, die Offenbarung Gottes in Christus

systematisch geordnet darzustellen. 2. Zu dem Zweck muss der Dogmatiker sich in die Gemeinde „einrechnen“, die von Christus gegründet ist. Dies ist das subjektive Erfordernis. 3. Da die Offenbarung Gottes in Christo nun in den biblischen Urkunden niedergelegt ist, hat der Dogmatiker nichts weiter zu thun, als den Gedankengehalt dieser darzulegen. 4. Die Dogmatik hat eine praktische Haltung; sie hat die Heilserkenntnis des Christen darzulegen. Philosophisch ausgedrückt: Sie verläuft in Werturteilen. 5. Ritschl will nicht nur den Kern der biblischen Lehre, sondern auch die Grundgedanken der Reformation sich aneignen. Er nimmt daher den Grundbegriff der Reformation, Rechtfertigung aus dem Glauben, auf. Aber sein eigentümlicher Religionsbegriff wendet die Rechtfertigung so um, dass die Folgen der Rechtfertigung, die neue Stellung zu Gott und zur Welt, in das Zentrum des Begriffs rücken. Hierdurch wird eine Verschiebung des Schwerpunkts im Begriff der Rechtfertigung hervorgerufen. Wir prüfen zuerst das Ritschl'sche Prinzip: Alle dogmatischen Sätze haben nichts anderes zu erstreben als eine systematische Erfassung der Offenbarung Gottes in Christus.

Kapitel 1.

Subjektive Erfahrung und geschichtliche Offenbarung.

Jede Wissenschaft hat zur Voraussetzung, dass der Forscher auf dem Gebiet, das er behandelt, Erfahrungen oder Beobachtungen gemacht hat. Die Naturwissenschaft hat die Beobachtung der Naturvorgänge zur Voraussetzung, die Geschichtsforschung die umfassende Kenntnis der Quellen. Die Ethik hat zur Voraussetzung, dass der Forscher sowohl die in der Geschichte aufgetretenen sittlichen Urteile kennt, als auch dass er auf Grund eigenen sittlichen Beurteilungsvermögens feststellt, was als gut und was als böse zu gelten hat. In demselben Sinne setzt die Religionswissenschaft 1. eine geschichtliche Kenntnis der Religionen voraus, 2. ein auf Grund persönlicher religiöser Erfahrung gebildetes Urteil über das, was das Ideal der Religion ist. Ihren Zusammenhang mit der allgemeinen Wissenschaft bewahrt sich die Religionswissenschaft oder Theologie infolgedessen dadurch, dass sie auf die religiöse Erfahrung zurückgeht. Da die Möglichkeit religiöser Erfahrung in jedem Menschen angelegt ist, bekommt die Theologie hierdurch ihren universalen, allgemeingiltigen Charakter. Die religiöse Erfahrung ist nichts rein subjektiv Willkürliches, sondern sie beruht auf einer inneren Wahrnehmung Gottes, einer im Innern des Menschen sich geltend machenden Nötigung zur Religion, die jedem Menschen zugänglich ist. Eine gemeinsame wissenschaftliche Arbeit ist möglich, da die religiösen Erfahrungen in der Wissenschaft in der Form von Idealen und Werturteilen auftreten, die sich der Beurteilung auf Grund der allgemeinmenschlichen Normen darbieten.

Die an der Geschichte gebildete religiöse Erfahrung des Forschers und sein Beurteilungsvermögen ist thatsächlich stets die Norm gewesen, nach der die Dogmatiker geurteilt haben. Auch die streng biblischen Theologen, welche die heilige Schrift für die oberste Norm der Glaubenslehre erklären, haben dabei die Voraussetzung, dass sich der Schriftinhalt in seinem ganzen Umfange an der religiösen Erfahrung immer wieder bewähre. Die kritischer gerichteten machen die Bibel insoweit zur Norm, als sie sich der religiösen Erfahrung, sittlichen und vernünftigen Weltbetrachtung als wahr erweist. Jedenfalls ist seit Schleiermacher allgemein anerkannt, dass die christliche Glaubenslehre die Darlegung der christlichen Erfahrung ist. (Der christl. Glaube § 15.) Dies ist z. B. von v. Hofmann, Frank, J. A. Dorner, Lipsius, Schweizer, Pfleiderer übereinstimmend anerkannt. Ritschl kommt auch im Wesentlichen auf dasselbe heraus, wenn er erklärt, dass die religiösen Erkenntnisse Werturteile seien, also auf Gefühle, innere Erfahrungen zurückgehen. Der eigentliche Streitpunkt dreht sich nur darum, ob diese auf Grund der religiösen Erfahrung ausgesprochene Erkenntnis der vernünftigen, philosophischen Beurteilung unterliege (so Pfleiderer), oder ob sie ihr entrückt sind, weil der „natürliche Mensch“ über geistliche Erfahrungen nicht zu urteilen vermöge (so Frank), oder das theoretische und das praktische Urteilsvermögen im Menschen durch eine unausfüllbare Kluft geschieden seien (so die Ritschl'sche Schule).

Merkwürdigerweise hat nun aber Ritschl sich dagegen gewandt, dass der Dogmatiker seine religiöse Erfahrung darzustellen habe. (R. V. II § 2.) Er wendet gegen Hofmann und Lipsius als Vertreter dieser Richtung ein, der Dogmatiker dürfe nicht sein individuelles Christentum darstellen, sondern er müsse die Lehre der heiligen Schrift, insofern sie die Urkunde der geschichtlichen Offenbarung ist, darbieten. Demgegenüber lässt sich geltend machen: 1. Man wird nur verlangen dürfen, dass die Religiosität des Forschers sich an der Geschichte gebildet hat und aus der Geschichte ihr Recht beweist. So hat auch Lipsius mit Recht gegenüber Ritschl darauf hingewiesen, dass die religiöse Erfahrung des Dogmatikers das Zurückgehen auf die biblische Verkündigung nicht aus- sondern einschliesst. 2. Thatsächlich wird der Dogmatiker, der die Bibel als Norm für die Gemeinde darbieten will, sie individuell nach der Seite hin auffassen, wie sie seiner persönlichen Erfahrung entspricht. Ritschl selbst ist der deutlichste Beweis hierfür. Er vermag sich nur die Seite der biblischen Verkündigung anzueignen, die seiner eigenen religiösen Grundposition entsprechend ist. Von ihm gilt weit mehr als von Hofmann und Lipsius, dass er sein persönliches Christentum dargestellt habe. Trotz aller Versuche, die objektiven Grundlagen der religiösen Erfahrung darzustellen, kommt doch das subjektive Christentum des Forschers heraus. Der Einfluss der Individualität ist auch naturgemäss in der Dogmatik unvermeidlich. (Vgl. auch Schian, der Einfluss der Individualität auf Glaubensgewinnung und Glaubensgestaltung, ZThK 1897 S. 513 ff. und dazu Drews ZThK 1898 S. 134 ff.) Gemeinsame Arbeit ist trotzdem möglich, indem die Einseitigkeit der einen Individualität durch andre erkannt wird und im Fortschritt der Geschichte sich allgemeinere Übereinstimmung mehr und mehr herausstellt. Unmöglich aber ist es, durch Berufung auf die objektiven Grundlagen der religiösen Erfahrung eine allgemeinere Übereinstimmung zu gewinnen, da diese wieder subjektiv verschiedener Beurteilung unterliegen.

Es heisst darum, einen völlig verkehrten Massstab an die Geschichte anlegen, wenn man mit Kattenbusch (von Schleiermacher zu Ritschl 1892, S. 73) urteilt, der springende Punkt in Ritschls Methode im Unterschiede von Schleiermacher und den drei von Schleiermacher ausgehenden Richtungen, der liberalen, vermittelnden und positiven, liege darin, „dass Ritschl nicht vom frommen Bewusstsein ausgeht, sondern vom Evangelium“. Aber wenn das Evangelium nur vermittelst des frommen Bewusstseins aufgefasst werden kann, so liegt hier kein fundamentaler Gegensatz der Methode dar. Und die an Schleiermacher sich anschliessende Theologie hat auch in allen ihren Richtungen vermittelst des frommen Bewusstseins das Evangelium auffassen und darlegen wollen.

Ein theologischer Ausdruck der Ritschl'schen Werturteilstheorie wäre es gewesen, wenn Ritschl die subjektive Erfahrung des Dogmatikers für das oberste dogmatische Prinzip erklärt hätte. Denn diese bildet im Verein mit dem vernünftigen und sittlichen Beurteilungsvermögen thatsächlich bei allen Dogmatikern und so auch bei Ritschl den kritischen Massstab, nach dem die biblische Verkündigung gewertet wird. Statt dessen finden wir bei Ritschl die Berufung 1. auf die Bibel, 2. auf die geschichtliche Gottesoffenbarung in Christus als die Grundidee der Bibel, 3. auf das Werturteil der Gemeinde, in die sich der Dogmatiker einzurechnen habe, um zu seiner Arbeit befähigt zu sein. Aber die Gottesoffenbarung kann doch nur in der individuellen religiösen Erfahrung dem Menschen gewiss werden. Und in die Gemeinde sich einrechnen kann man mit Recht nur dann, wenn man zur persönlichen religiösen Gewissheit gekommen ist. So weisen alle andern dogmatischen Prinzipien immer wieder auf diesen letzten Ankergrund der religiösen Gewissheit zurück. Auch Philosophen wie F. A. Lange (Gesch. d. Materialismus II³ S. 550) und J. Volkelt (Einf. i. d. Philos. S. 128 ff.) weisen auf diese innere Gewissheit als den letzten und tiefsten Beweis des Glaubens hin. Auch Ritschl muss darauf hinauskommen, sobald man die Frage erhebt, mit welchem Recht sich der einzelne in die Gemeinde einrechnen darf. Denn die Gemeinde hat wohl die Bedeutung für den einzelnen, dass sie die geschichtliche Vermittlerin seines Glaubenslebens ist, aber sie kann nicht für das Subjekt Bürge der Wahrheit der Religion sein. Hier sieht sich der einzelne von allen geschichtlichen Vermittlungen hinweg auf die letzten Quellen der Gewissheit im eignen Innern angewiesen. Auch bei Ritschl ist schliesslich das eigene Erlebnis, dass der Fromme in der Religion seine Erhabenheit über die Natur erlebt, der letzte Beweisgrund für die Wahrheit der Religion. Trotzdem wird die Bedeutung der Gemeinde bei Ritschl bisweilen übertrieben, so dass es scheint, als ob sie nicht blos geschichtliche Vermittlerin, sondern zugleich Bürge der Wahrheit dessen sein soll, was sie übermittelt hat.

So heisst es (R. V. III³ S. 557): „Man ist jedoch berechtigt zu der Gewissheit der Gotteskindschaft trotz dem eigenen Schuldgefühl, weil man zu der Gemeinde gehört, welche als die Gemeinde der Versöhnung mit Gott durch Christus gegründet ist.“ Auch J. Weiss (Die Nachfolge Jesu und die Predigt der Gegenwart 1895, S. 131) findet hierin eine „zugespitzte Behauptung“. Ritschl hat nie genau abgegrenzt, was die Gemeinde dem einzelnen geben kann: nur geschichtliche Kunde, nicht persönliche Gewissheit. Wollen wir über einen äusserlichen Autoritätsglauben hinauskommen, so sehen wir uns stets auf die tiefsten Wurzeln der Gewissheit im eignen Innern hingewiesen. Diesen Sachverhalt hat auch Kaftan mit wünschenswerter Deutlichkeit ausgesprochen (ZThK 1891 S. 481). Es genüge nicht, einfach auf die Offenbarung Gottes in Christus hinzuweisen. „Denn die weitere Frage würde dann lauten müssen, warum wir der Offenbarung Vertrauen schenken, und woher uns die Überzeugung kommt, dass wir es in ihr wirklich mit einer Offenbarung des lebendigen Gottes zu thun haben.“ „Ihre Beantwortung aber weist uns von allem, was äusserlich gegeben, wie ja die Offenbarung zugleich eine geschichtliche Grösse ist, weist uns von dem allen ab ins eigene Innere, als wo allein die Wurzeln der Gewissheit des Glaubens und der Glaubenserkenntnis liegen.“ Daher haben auch Biedermann, Pfleiderer und Lipsius eine innere Offenbarung Gottes, durch die sich Gott in jedem religiösen Akte dem Menschen kund thut, als letzten Grund der religiösen Gewissheit behauptet. Dieser Gewissheit gegenüber tritt auch die Übereinstimmung der religiösen Erkenntnis mit aller sonstigen wissenschaftlichen Erkenntnis erst in die zweite Linie. Alle äussere Offenbarung kann nur in dieser inneren Offenbarung oder Vergewisserung dem Menschen kund werden.

Völlig ungerechtfertigt ist darum die Polemik, die Herrmann (Die Religion S. 366 ff., der Begriff der Offenbarung S. 14 f., Verkehr des Christen mit Gott, 3. Aufl. S. 23 ff.) an diesen Theologen übt. Es ist eine unberechtigte Antithese, wenn ihnen vorgeworfen wird, sie sehen die Offenbarung Gottes in ihrem eigenen Innern und nicht in der Person Christi: „Es ist der nicht näher zu definierende Eindruck, welchen der Genuss des religiösen Erlebnisses selbst macht, wodurch dasselbe als Offenbarung Gottes und als der letzte Ankergrund der religiösen Gewissheit qualifiziert wird.“ Denn die innere Offenbarung ist nach den genannten Theologen durchaus nicht unabhängig, weder von der Person Christi, noch von der

Gemeinde. Ferner ist es falsch, wenn Herrmann behauptet, die Anknüpfung an die Person Jesu gebe ihrer Religiosität keine besondere Färbung, da doch z. B. nach Biedermann die Person Christi als fundamentales Gnadenmittel und stetes Vehikel des Heils hingestellt wird (Dogm. II^{2} § 816). Vor allem aber muss an Herrmann die Frage gestellt werden: Wodurch wird die äussere Offenbarung Gottes in dem geschichtlichen Christus dem Menschen subjektiv gewiss? Wie kann der geschichtliche Christus der letzte Ankergrund unsres Glaubens sein, wenn nicht die persönliche Erfahrung des einzelnen sich der Wahrheit dieses Anspruchs vergewissert? Nach Herrmann erscheint es oft so, als sollte etwas ausserhalb des Menschen Liegendes die Bedeutung haben, ihn im tiefsten Grunde seines Herzens seines Glaubens gewiss zu machen. Der geschichtliche Christus soll diese Bedeutung haben. (Vgl. dazu auch Pfleiderer, Rel. Phil. I^{2} S. 526 f., II^{2} S. 482.) Aber sobald die Frage auftaucht, warum die äussere geschichtliche Thatsache für unser Leben Bedeutung gewinnt, sehen wir uns immer wieder auf unser eignes Subjekt und sein Erleben als letzte Quelle der Gewissheit angewiesen. Wenn daher die Frage nach den letzten Quellen der religiösen Gewissheit scharf gestellt wird, so wird man immer wieder auf das religiöse Subjekt selbst zurückgewiesen. Daher kommt auch Herrmann gelegentlich auf genau dasselbe heraus, was er an den Vertretern der liberalen Theologie getadelt hat, auf eine innere Offenbarung Gottes im Menschengeist. Er sagt (Verkehr ^{3}S. 68): „Nicht jeder kann das persönliche Leben Jesu sehen. Wir sehen es, wenn es Gott gefällt, seinen Sohn in uns zu offenbaren.“ Damit fällt aber jeder Grund zu einer Polemik gegen Biedermann, Pfleiderer, Lipsius in diesem Punkte hin. Sie haben nichts anderes gewollt, als was Herrmann hier selbst anerkennt.

Genau so unberechtigt ist auch die Polemik Herrmanns gegen Frank („Beweis des Glaubens“ 1890 S. 93 f.). Auch ihm wird vorgeworfen, dass er nicht von der objektiven Thatsache der Offenbarung ausgehe, sondern von dem subjektiven Erlebnis der Wiedergeburt. Herrmann spricht (Verkehr ^{3}S. 3) von dem „hochgespannten Subjektivismus“ Franks. Aber wer den äusserlichen, prinzipiell katholischen Standpunkt der äusseren Autorität aufgeben will, sieht sich auf diesen subjektiven Ausgangspunkt der Theologie hingewiesen. (Vgl. auch Frank: „Der Subjektivismus in der Theologie und sein Recht“, Dogm. Studien S. 27 ff.)

Auch Reischle hat (ZThK 1897 S. 247) darauf hingewiesen, dass der Glaube in Zeiten der Schwankungen an der Person Christi seinen festen Halt haben müsse. Was hieran berechtigt ist, ist auch von Biedermann anerkannt, wenn er das Bild Christi als Vehikel der Heilserzeugung, als hauptsächliches Gnadenmittel geltend macht. Aber bei der persönlichen Art der Glaubensgewissheit giebt es keinen untrüglichen Halt, der nicht selbst wieder in Zeiten des Zweifels ungewiss werden könnte. Felsenfeste Gewissheit kann nur insofern bestehen, als der Mensch in seinem inneren Leben und Verkehr mit Gott immer wieder Erfahrungen von der Wahrheit, der Kraft und dem Troste der Frömmigkeit macht. Herrmann zieht der Individualität zu enge Grenzen oder er sucht seine individuelle religiöse Erfahrung allen anderen aufzuzwingen. Nach ihm müsste jeder gereifte Christ zu der Erfahrung kommen: Wenn auch überall sonst in der Natur und in der Menschheitsgeschichte sich keine untrügliche Gewissheit von dem Walten Gottes darbietet, so muss doch das Lebensbild des Menschen Jesus, wie es aus den Evangelien uns entgegentritt, jedem sittlich strebenden Menschen den Eindruck machen: Hier allein ist ganz gewiss eine Offenbarung Gottes. Denn dies Leben erklärt sich nicht anders, als wenn es Gottes Wirken zum tragenden Grund hat. Und nur weil sich an diesem einen Punkte der Weltgeschichte eine untrügliche Offenbarung Gottes darbietet, wird der Mensch befähigt sein, auch weiterhin in der Welt Spuren Gottes wahrzunehmen. Für die meisten Menschen wird nun aber das Lebensbild Jesu nicht diese Bedeutung haben. Vielmehr werden eigene Lebenserfahrnisse für sie die Bedeutung haben, dass ihnen hier die Gewissheit der Liebe Gottes aufgegangen ist. Und die Erinnerung an eigene, frühere intensive Erfahrungen wird auch in Perioden des Schwankens die meisten wieder aufrichten. Auch Herrmann hat ein Gefühl dafür, dass die Gewissheit nicht lediglich ausserhalb des Menschen begründet sein kann. Er sagt, die geschichtliche Person Jesu müsse eine Thatsache in unserem eignen Leben werden. Damit ist aber wieder der Übergang von einer objektiven Gewissheitsquelle zu einer subjektiven vollzogen. Auch Reischle kommt (ZThK 1897 S. 256) auf eine Begründung des Glaubens im innern Wesen des menschlichen Geistes hinaus: Das Wirken Jesu kommt dem inneren Zuge unseres Geistes entgegen und führt unser geistiges Wesen zu seiner Vollendung. Nur darum können wir ihm Glauben schenken. Damit müsste aber konsequenterweise zugegeben werden: Alle geschichtliche Offenbarung hat wohl die Bedeutung, die religiösen Wahrheiten und Ideale ans Licht zu stellen. Sie ist auch für den einzelnen das Mittel, ihn zum Glauben zu führen. Aber Gewissheit begründend kann keine Geschichte wirken. Hierfür sieht sich der Mensch an eigene persönliche Erfahrungen im Verkehr mit Gott selbst angewiesen.

Ferner sind die Grenzen der Frömmigkeit zu eng gezogen, wenn Herrmann (Verkehr ³S. 28 ff.) verlangt, der Fromme dürfe auch in Gott nichts anderes finden wollen als Christus. Das persönliche Verhältnis zu dem geschichtlichen Christus müsste hiernach jeder religiösen Stimmung ihre Färbung geben. Man mag einen derartigen Umgang mit der Person Jesu für individuell berechtigt halten; jedenfalls darf man nicht einer Frömmigkeit die Berechtigung absprechen, in der der Gott-Vater-Glaube in der Art De Wettes im Vordergrund steht. „Oder ist es auch ein Mangel an vollständigem Glauben, wenn ein Christ im Gebet zu seinem Gott und Vater den festen Halt in den Sorgen und Aufgaben und Kämpfen des Lebens sucht und findet, ohne sich zugleich auch Christus als die alleinige Offenbarung dieses Gottes zu vergegenwärtigen?“ (O. Ritschl ZThK 1893 S. 385.) Nicht die Innigkeit der Beziehung zur Person Christi ist ein Gradmesser des Glaubens, sondern an seinen Früchten, an Gottvertrauen und Nächstenliebe soll er sich als wahr und stark erweisen. (Vgl. auch J. Weiss, Nachfolge Jesu S. 142 ff. 181.)

Es mag hervorgehoben werden, dass auch Lipsius in seiner zweiten Periode, offenbar durch Herrmanns Buch (Die Religion u. s. w.) beeinflusst, zu einem widerspruchsvollen Schwanken über die Bedeutung der subjektiven Gewissheit und des geschichtlichen Zeugnisses der Gemeinde getrieben wird. Vgl. zuerst die beiden Vorträge über die letzten Gründe der religiösen Gewissheit (PKZ 1880 Sp. 799 ff.) und über die Bedeutung des Historischen im Christentum (PKZ 1881 Sp. 996 ff.), abgedruckt in den Gesammelten Vorträgen und Abhandlungen unter dem Titel „Glauben und Wissen“ 1897. Ferner vgl. Philos. u. Relig. 1885 S. 265, 274, Hauptpunkte d. christl. Glaubenslehre S. 16. Dogm. ³S. 652 f. 91 ff.

Es wird zuerst von Lipsius treffend ausgeführt, wie die geschichtliche Offenbarung zunächst als äussere Autorität dem Menschen gegenübertritt. Sie beglaubigt sich aber immer nur in dem Masse, als die äussere geschichtliche Kunde zu einer Lebensmacht im eigenen Inneren der Gläubigen sich gestaltet. So giebt es schliesslich nur einen Beweis für die Wahrheit des Christentums, den Thatbeweis seiner seligmachenden Kraft. Aber Lipsius tauchen wieder Zweifel auf an der Tragfähigkeit dieses subjektiven Gewissheitsprinzips. Was soll der einzelne thun bei den Schwankungen seines inneren Lebens? Er bedarf „eines festen Ankergrundes seiner Zuversicht, welcher nicht wankt noch weicht in allen Stürmen des Lebens, von denen das verzagte und gebrechliche Menschenherz hin- und hergetrieben und wie auf Meereswogen bald emporgehoben, bald wieder in grundlose Tiefen versenkt wird". (PKZ 1881 Sp. 1024.) Das geschichtliche Zeugnis der Gemeinde von der Gottesoffenbarung in Christus kommt daher als ergänzendes Gewissheitsprinzip hinzu. „Es giebt keinen andern Prüfstein für die Echtheit und Wahrheit subjektiver religiöser Erlebnisse, als das Zeugnis einer geschichtlichen Gemeinschaft, als deren Glied der einzelne sich fühlt. Was einer oder wenige zu erleben meinen, kann Täuschung sein; aber was eine geschichtliche Gemeinschaft, in deren Leben ein Geschlecht an das andere sich reiht, immer wieder erlebt und als erfahrene Wirklichkeit bezeugt, das muss einen tieferen Grund im Menschengemüte haben." (PKZ 1880 Sp. 832.) Hier wird der Geschichte zu viel Bedeutung zugeschrieben. Der einzelne kann aus ihr lernen. Er verdankt sein Glaubensleben in letztem Grunde den grossen religiösen Helden der Vergangenheit. Aber die Bürgschaft für die Wahrheit des Überlieferten kann ihm die Geschichte nicht abnehmen. Auch Irrtümer haben ihre grosse fortwirkende und gemeinschaftbildende Kraft. Zwar ist der Rat, den Lipsius und ebenso Herrmann, Reischle u. a. dem Menschen in Schwankungen des Glaubenslebens geben, sich an die grossen geschichtlichen Gottesthaten in der Vergangenheit (wir setzen hinzu: auch die im eignen Leben erfahrenen) zu halten, ein guter. Aber dabei ist doch immer die Voraussetzung, dass der Mensch dann von neuem in seinem Innern die subjektive Erfahrung von Gottes Macht und Wirklichkeit erlebt. Die Geschichte kann darum nur Anregungsmittel für die innere Erfahrung sein, und die subjektive religiöse Gewissheit bleibt der letzte Entscheidungsgrund für die religiöse Wahrheit. Auch J. Köstlin (Die Begründung unserer sittlich-religiösen Überzeugung, 1893) kommt hierauf hinaus. Er bemerkt gegen Lipsius (S. 122): „Der Christ erhält vielmehr mit seiner inneren Gewissheit von jener christlichen Offenbarungswahrheit auch das Recht und die Pflicht zu prüfen, ob und inwieweit die bestehende Gemeinde wirklich in ihren eigenen Auffassungen treu geblieben sei; ruht doch darauf das ganze Recht unsrer Reformation und ihrer Lehr- und Kirchenbildung". Ebenso urteilt R. Seydel, Rel. Phil. S. 107.

Kapitel 2.

Die Religion Jesu und der Glaube an Christus.

Die neuere Religionswissenschaft ist in ihren Forschungen von den komplizirten Dogmengebilden immer mehr auf die Quelle der Religion in den grundlegenden Erlebnissen des religiösen Subjekts zurückgegangen. Ebenso ist die Erforschung der Geschichte des Christentums, um die weltumspannenden Wirkungen des Christentums zu erklären, im letzten Grunde auf die Person Jesu selber und ihre Macht über die Menschenherzen angewiesen. Wer das Wesen des Christentums ungetrübt und rein erfassen will, muss die Frömmigkeit, wie sie in Jesu Person lebte, auffassen. Auch Ritschl kommt in einigen Ausführungen hierauf hinaus. „Jesus hat ohne Zweifel ein bis dahin nicht dagewesenes religiöses Verhältnis zu Gott erlebt und seinen Jüngern bezeugt, und er hat seine Jünger in dieselbe religiöse Weltanschauung und Selbstbeurteilung einzuführen beabsichtigt." „Diese religiöse Bestimmung der Glieder der Gemeinde Christi ist nun in der Person des Stifters vorgebildet, und in ihr als der fortwirkenden Kraft zu aller Nachbildung begründet." (R. V. III ^{3}S. 365 f.)

Aus diesen Sätzen musste folgen, dass, um das Wesen des Christentums zu erfassen, zunächst die Frömmigkeit Jesu dargestellt werden müsste. Das Verhältnis Jesu zu seinem Vater und das daraus folgende Verhalten zu den Menschen und der Welt ist das unüberbietbare Ideal aller Religion.

Anstatt aber die Religion Jesu selber zuerst darzustellen, stellt sich Ritschl von vornherein auf den Standpunkt des apostolischen Gemeindeglaubens. Die Begriffe „Rechtfertigung und Versöhnung", sind, wie Lagarde (Mitteilungen 4 S. 107) hervorhebt, „apostolisch, nicht evangelisch". Es hätte zuerst nachgewiesen werden müssen, wie diese Begriffe in der Verkündigung Jesu wurzeln. Dass Ritschl im Rahmen dieser paulinischen Begriffe das Christentum darstellt und nicht auf die einfacheren Elemente der Verkündigung Jesu zurückgeht, ist um so auffallender, als er selbst schliesslich auf die einfachsten Elemente aller Frömmigkeit, wie sie urbildlich in der Person Jesu gegeben sind, zurückkommt. Wo er von dem praktischen Ertrag der Rechtfertigung spricht, kommt auch er auf die einfacheren Begriffe des Glaubens an die väterliche Vorsehung, der Demut, der Geduld im Leiden hinaus.

Um so auffälliger ist es, dass Ritschl (R. V. III³ S. 2, S. 551 ff.) scharf gegen diejenigen polemisiert, welche die Religion Jesu als das Urbild der Religion hinstellen, das wir nachbilden sollen. Er macht gegen diese „Vertreter der Religion Jesu" geltend, dass sie „die Bedeutung Jesu in dem Schema der individuellen Nachbildung zu erschöpfen meinen". Sie „übersehen, dass Jesus sich gerade der Nachahmung entzieht, indem er als der Urheber der Sündenvergebung sich seinen Jüngern gegenüberstellt". Diese Polemik ist ungerecht, wie schon Th. Häring (Über das Bleibende im Glauben an Christus S. 14) bemerkt. Nicht um individuelle Nachahmung handelt es sich, sondern darum, dass die Kindesstellung zu Gott, wie sie Jesus urbildlich gehabt hat, in uns nachbildlich erlebt wird. Dass dies genau, wie Ritschl selbst es (III³ S. 366) darlegt, nur „aus der anregenden und Richtung gebenden Kraft dieser Person heraus" geschieht, ist auch die Voraussetzung solcher Theologen, die die „Religion Jesu" als das Höchste hinstellen, das wir uns aneignen sollen. Treffend bemerkt Harnack (Dogmengeschichte I ³S. 69), dass in Wahrheit kein sachlicher Gegensatz sei zwischen der Verkündigung Jesu, dem „Christentum Christi" und dem Evangelium von Christus, denn das Evangelium Jesu wird nur in und mit der Hingabe an seine Person angeeignet.

Ritschl stellt im 2. Bande seines Hauptwerks die Gedanken Jesu über die Sündenvergebung nur insoweit dar, als Christus als Urheber der Sündenvergebung den Menschen gegenübersteht. Dass Christus als subjektive Bedingungen der Sündenvergebung nur Busse und Glauben an Gottes väterliche Verzeihung gelehrt hat, kommt bei Ritschl nicht zum Ausdruck. (II³ S. 50 ff. III³ S. 505 ff.) Er geht sogar soweit, zu bezweifeln, ob im Alten Testament jemals völlige Gewissheit der Sündenvergebung erreicht ist, da sie hier noch nicht an die Person Jesu geknüpft ist. (III³ S. 510.) Angesichts von Ps. 32, 1—5 dürfte jedoch dieser Zweifel verstummen müssen.

Indem Ritschl, anstatt die Religion Jesu zuerst darzustellen, sich sofort auf den Standpunkt des apostolischen Gemeindeglaubens stellt und nur die Gedankenwelt der Apostel zu reproduzieren unternimmt, unterlässt er jede Prüfung, ob nicht in der Auffassung des Christentums durch die beiden ersten christlichen Generationen, die wir in den neutestamentlichen Urkunden vor uns haben, schon Trübungen, Verschiebungen, Eindringen griechischer Philosophie und pharisäischer Begriffe stattgefunden haben. So wird der ganze pharisäische Hintergrund der Rechtfertigungslehre bei Paulus übersehen oder vielmehr von Ritschl umgedeutet. Er bestreitet es mit Unrecht, dass die Rechtfertigung eine in den Formen der Rechtsreligion vollzogene Überwindung der Rechtsreligion durch die Gnadenreligion sei. Dies erreicht Ritschl aber nur, indem er alle rechtlichen Begriffe umdeutet. Gerechtigkeit hat nach Ritschl im biblischen Sprachgebrauch nichts mit Vergeltung zu thun; es bedeutet soviel als Herstellung des Heils, ist also soviel als Gnade. Alle Vorstellungen von Stellvertretung, Sühne, Loskaufung werden von ihm auf den Begriff des Opfers zurückgeführt. Und das Opfer soll nichts sein als die Herstellung des Heils in der Gemeinde. (Vgl. dagegen Pfleiderer, Die Ritschl'sche Theol. S. 42 ff.; o. S. 35.)

Die Entgegensetzung des Standpunkts des Forschers innerhalb der Gemeinde gegen die Erforschung der Religion Jesu führt Ritschl zu einem unberechtigten Misstrauen gegen die Wissenschaft vom Leben Jesu. Er beginnt zwar vollkommen richtig (R. V. III³ S. 2): „Dieser religiöse Glaube ist nicht eine widergeschichtliche Ansicht von Jesus, und die geschichliche Würdigung Jesu beginnt nicht erst, wenn man sich dieses Glaubens, dieser religiösen Schätzung seiner Person entledigt hat.“ Dieser Satz muss darauf führen: Wenn die religiöse Schätzung Jesu nicht in der Luft schweben soll, so brauchen wir eine unbefangene, nach streng historischer Methode vor sich gehende Forschung, die das geschichtliche Leben Jesu nach seinen Triebkräften und seiner Bedeutung analysiert. Alle Geschichtsforschung aber führt mit Notwendigkeit zur Wertung der Geschichte. Wenn wir nun überzeugt sind, dass unsere religiöse Stellung zu Christus keine willkürlich erfundene ist wie etwa die Verehrung der Maria auf katholischer Seite, so müssen wir der historischen Forschung freien Spielraum lassen und dürfen der Zuversicht sein, dass diese das Recht des religiösen Glaubens nur bestätigen kann. Im Widerspruch zu dem eben angeführten Satz erklärt nun aber

Ritschl: „Es ist nicht zufällig, dass die Zerstörung der religiösen Geltung Jesu in der Form seiner Biographie unternommen worden ist; denn dieses Unternehmen selbst setzt schon den Verzicht auf die Überzeugung voraus, dass Jesus als der Urheber der vollendeten, geistigen und sittlichen Religion allen Menschen übergeordnet ist.“ Hier wird wieder der Glaube an die Person Jesu in einen unüberwindbaren Gegensatz zu einer unbefangenen geschichtlichen Würdigung gesetzt, als ob beide sich notwendig widersprechen.

Der tiefere Grund für diese Skepsis der Wissenschaft vom Leben Jesu gegenüber scheint mir auch hier die Unklarheit über das Wesen der Wissenschaft, hier der historischen Wissenschaft, in ihrem Verhältnis zum religiösen Glauben zu sein. Nach Ritschl ist eine unüberbrückbare Kluft zwischen religiös wertvollen Überzeugungen und zwischen einer streng nach sachlichen Gesichtspunkten vor sich gehenden Geschichtsforschung. Der religisöse Glaube verbietet eine unbefangene Geschichtsbetrachtung. Denn von seinem praktisch wertvollen Glauben dürfe sich niemand, auch nicht einmal hypothetisch, frei machen, um seine Berechtigung und historische Fundamentierung zu prüfen. Aber auch die Geschichtsforschung wird eingeschränkt. „Deshalb aber ist es auch ein zielloses Streben, diese Geltung Christi durch dasselbe Mittel der Biographie wieder herzustellen.“ (III³ S. 3.) Ritschl scheint ganz zu vergessen, dass die Aufdeckung der in der Geschichte wirksamen Kräfte an den Forscher und Beurteiler die Frage stellt, welche Bedeutung diese Mächte auch für uns haben. Was Lagarde (Mitteilungen 4 S. 119) von der Geschichte des Reiches Gottes sagt: „Keine Menschenseele kann dem Reize dieser Geschichte widerstehen“, wird ganz besonders von der Geschichte Jesu gelten können, gerade da, wo diese am unbefangensten und voraussetzungslosesten, rein in den in ihr selbst liegenden Motiven aufgefasst ist.

Genau ebenso wie Ritschl setzen auch Kähler (Der sog. historische Christus 1896), Herrmann (Der geschichtliche Christus der Grund unseres Glaubens ZThK 1892 S. 232 ff.), Reischle (Der Glaube an Jesus Christus und die geschichtliche Erforschung seines Lebens, Heft 11 zur Christl. Welt, 1893; ferner: der Streit über die Begründung des Glaubens auf den geschichtlichen Christus, ZThK 1897 S. 171 ff.), den religiösen Glauben an Christus in Gegensatz zu einer geschichtlichen Würdigung Jesu. Besonders auffällig ist dies bei Herrmann. Er wird nicht müde zu versichern, dass gerade der „historische“ Christus der einzige Grund unseres Glaubens sei; aber in merkwürdigem Gegensatz zu dem Wort „historisch“ soll der historische Christus gerade nicht durch historische Forschung zu erfassen sein. Diese Entgegensetzung des historischen Christus und der historischen Forschung, die Behauptung, dass der historische Christus vielmehr eine Thatsache unseres eigenen Lebens sei, hat Kübel zu dem Missverständnis geführt: „Das was diese Theologen den historischen Christus nennen, ist unsre sogenannte religiöse Erfahrung, wie sie durch das Neue Testament (d. h. mancherlei darin) und das christliche Gemeindeleben entstanden ist.“ (Unterschied der positiven und liberalen Theologie ²S. 48.) Das stetige Überspringen von dem objektiv ausser uns liegenden Gewissheitsprinzip zu dem subjektiven Leben des Gläubigen hat dies Verständnis Herrmanns hervorgerufen, das gewiss ein falsches ist. Aber wie kann Herrmann dann noch von einem historischen Christus reden, wenn die historische Forschung ganz untergeordnete Bedeutung hat? Sie kann nach Herrmann nur zu Wahrscheinlichkeitsurteilen gelangen, sie kann nur einzelnes in der Überlieferung zurechtrücken. Nur die prophetische Verkündigung von Jesus, nicht die Arbeit von Historikern des Lebens Jesu könne Glauben an Jesu wecken. Aber ist nicht alle im grossen Stil geschriebene Geschichte zugleich eine prophetische Verkündigung der in der Geschichte lebenden Ideale? Und schwebt nicht alle prophetische Verkündigung von Jesus in der Luft, wenn sie sich nicht streng auf das durch geschichtliche Forschung von Jesus Ermittelte stützen kann? Ist nicht z. B. die Geschichte Jesu von Keim unbefangene geschichtliche Untersuchung und zugleich prophetische Verkündigung der Bedeutung dieses Lebens für die Weltgeschichte? Wird nicht jede Geschichte Jesu, eine gläubige ebenso wie eine ungläubige, sich die Aufgabe stellen, die Bedeutung des Lebens Jesu für die Welt wie für den einzelnen deutlich zu machen? Gerade auch die Darstellungen des Lebens Jesu aus neuerer Zeit können Glauben weckend auf den Leser wirken.

Weit richtiger bemerkt Harnack (Dogmengesch. I³ S. 70): „Um diesen Jesus Christus immer fester und sicherer zu fassen, dazu bedarf es auch der historischen Forschung.“ Nun hat Reischle hiergegen geltend gemacht, der Glaube des einfachen Christen dürfe nicht von komplizierten geschichtlichen Untersuchungen abhängig gemacht werden. Diese Folge tritt nun aber durchaus nicht ein, auch wenn vor dem Forum der Wissenschaft die Einwendungen gegen die Erhabenheit der Gestalt Christi nur mit den Mitteln historischer Forschung beseitigt werden können. Denn auf den einfachen Bibelleser werden von selbst, ohne die Vermittlung kritischer und apologetischer Wissenschaft, dieselben Züge des Christusbildes Eindruck machen, die der wissenschaftliche Arbeiter als die treibenden Kräfte seines Lebens ermittelt, seine Kindesstellung zu Gott, seine erbarmende Liebe, seine Berufstreue bis zum Tode. Wohl aber bedarf der von kritischen Bedenken befallene moderne Mensch einer historisch-kritischen Wissenschaft, die ihm gerade mit denselben Mitteln historischer Forschung die Hindernisse aus dem Wege räumt, die ihm entgegenstehen.

Es ist somit zu urteilen: Geschichtsforschung über Jesus und religiöser Glaube an ihn werden von Ritschl, Herrmann, Reischle in falschen Gegensatz gebracht. Die Geschichtsforschung wird beschränkt auf die Erforschung des einzelnen; es wird ihr versagt, zu einer umfassenden Würdigung des Inhalts vorzudringen, aus der sich die richtige religiöse Schätzung von selbst ergiebt.

Kapitel 3.

Das Wesen des Christentums. Religion und Sittlichkeit. Der Begriff des Reiches Gottes.

Das Christentum bewährt sich dadurch als die vollkommene Religion, dass in ihm sich Religion und Sittlichkeit gegenseitig durchdringen. „Die Religion wird die Seele der Moral, und die Moral bleibt der Körper der Religion.“ (A. Sabatier, Religion und moderne Kultur S. 40.) In den Worten des Herrn ist diese grundlegende Einigung von Religion und Sittlichkeit besonders deutlich vollzogen. Die Begriffe „Kind Gottes“, „Reich Gottes“ umfassen in gleicher Weise die religiöse, wie die ethische Bestimmtheit der Gläubigen. In der Bekehrung der Sünder zu Gott fallen die sittliche Abkehr vom Bösen und die religiöse Hinwendung zu Gott ineinander. Daher ist auch für die reformatorische Heilslehre die sittliche Erneuerung ein integrierender Bestandteil der neuen Stellung zu Gott. Der Begriff des Sittlichen in seiner Unterschiedenheit vom Religiösen ist weder im Neuen Testament noch von den Reformatoren gebildet worden. Die Theologie Ritschls hat darin eine ihrer Eigentümlichkeiten, dass sie Religion und Sittlichkeit nicht in eine Einheit zusammengehen lässt, sondern sie lässt das Christentum in zwei nur lose miteinander verbundene Zweckbeziehungen zerfallen. Das Christentum soll nämlich nach Ritschl nicht einer Kreislinie zu vergleichen sein, welche um einen Mittelpunkt liefe, sondern einer Ellipse, welche durch zwei Brennpunkte beherrscht ist (R. V. III[3] S. 11). Diese beiden Brennpunkte sind die religiöse Versöhnungsidee und die sittliche Reich-Gottes-Idee. Beide Begriffe durchdringen sich nicht gegenseitig, sondern das christliche Leben verläuft nach Ritschl in zwei verschiedenartigen Reihen von Funktionen. Die religiösen Funktionen kulminieren in dem Gefühl der geistigen Freiheit oder Erhabenheit über die Welt oder dem „ewigen Leben", worin Ritschl den praktischen Ertrag des Rechtfertigungsglaubens findet. Andrerseits wird der Mensch durch treues, sittliches Handeln in seinem Berufe ein Glied des Reiches Gottes. Der Begriff des Reiches Gottes dient ihm dazu, die Ethik zu begründen. Der Begriff der Rechtfertigung, dessen praktische Spitze in der erhabenen Freiheit über die Welt liegt, konstituiert die religiöse Seite des Christentums. Beide Seiten des christlichen Lebens hängen zwar insofern zusammen, als sie von der leitenden Idee Gottes umfasst werden, und als der Mensch sowohl in seinem sittlichen Thun wie in der Versöhnung selig ist (III[3] S. 487, 479). Ferner umfasst der Begriff der christlichen Vollkommenheit nach Ritschl sowohl die religiösen Funktionen wie das sittliche Handeln im Beruf (III[3] S. 624 ff.). Trotzdem kommt man über die doppelte Zweckbeziehung im Christentum nicht hinaus (III[3] S. 482). „Man erreicht also dennoch nicht eine einfache Subsumtion der sittlichen Bestimmung des Christentums unter die religiöse." (S. 490.) Die guten Werke folgen für Ritschl nicht aus dem Versöhnungsglauben. (S. 491.) An Stelle der grundlegenden, einfachen Thatsache, dass mit der Hinwendung zu Gott unmittelbar die Hinwendung zum Guten gegeben ist, wird von Ritschl eine künstliche Konstruktion zur gesonderten Begründung der Religion und der Ethik gegeben.

Die Ritschl'sche künstliche Konstruktion des in eine doppelte Beziehung zerfallenden christlichen Lebens ist durch seine eigentümliche, ausschliessliche Bevorzugung des Begriffs der „Rechtfertigung" verursacht. Dieser Begriff legt den ausschliesslichen Nachdruck auf die religiöse Stellung des Menschen, seine Anerkennung vor Gott. Ritschl hat diesen paulinisch-reformatorischen Begriff so verwandt, dass er die Folgen der Rechtfertigung, die in Röm. 5, 1—5 beschrieben werden, Geduld im Leiden und Gottvertrauen unter starker Hervorhebung des hierin gegebenen Selbstgefühls des Christen und seiner erhabenen Stellung über der Welt in den Mittelpunkt stellt. So gewinnt er den einen Brennpunkt seiner Ellipse. Aber über diesen aus den Briefen des Paulus herausgenommenen Gedanken werden alle die Lehraussagen der Schrift vernachlässigt, in denen eine weit innigere Durchdringung von Religion und Sittlichkeit vorliegt. Es rächt sich hier, dass der gesamte Inhalt der Lehre Jesu mit Ausnahme der Andeutungen über seinen Heilstod nicht näher von Ritschl analysiert wird. Ferner wird auch nur eine Seite der paulinischen Lehre von Ritschl angeeignet. Der juridischen Theorie der Rechtfertigung tritt bei Paulus in Röm. 6—8 eine mystisch-ethische Theorie zur Seite, „deren Vorzug es ist, Befreiung nicht bloss von der Schuld, sondern auch von der Macht der Sünde denkbar erscheinen zu lassen“. (Holtzmann, Ntl. Theol. II S. 114.) Diese Theorie des Paulus, in der die einfachen Grundgedanken des Evangeliums weit deutlicher hervortreten, wird von Ritschl (R. V. II³ S. 223 ff.) in ihrem Werte verkannt und unberechtigter Weise zurückgestellt. Weit einfacher scheint es mir, mit Biedermann, Lipsius, Pfleiderer von dem Begriff der Gotteskindschaft als dem Prinzip des Christentums auszugehen, da dieser Begriff ursprünglicher ist, als der der Rechtfertigung. Ebenso ist auch der von Frank zugrunde gelegte Begriff der Wiedergeburt weit geeigneter, da in ihm die religiöse und sittliche Seite des Christentums zusammengefasst sind.

Ritschl will dagegen sogar aus dem Neuen Testament nachweisen, dass auch in der apostolischen Lehrverkündigung das Christentum in zwei neben einander laufenden Reihen von Funktionen verläuft, einerseits in dem religiösen Selbstgefühl des Gerechtfertigten, das sich in Gottvertrauen, Geduld und Weltüberwindung beweist, andrerseits in der aktiven Lebensgerechtigkeit (R. V. II³ S. 343, 356, 359, 362, 370). „Im Gebiete des individuellen Lebens steht also das Prädikat der Rechtfertigung durch den Glauben in keiner vorherrschenden Beziehung auf die aktive Gerechtigkeit, welche die Aufgabe des Gläubigen bildet. Insbesondere dient der Gedanke der Rechtfertigung nicht zur direkten Erklärung dafür, dass diese Aufgabe gestellt oder dass sie erreichbar ist“. (S. 343.) Ritschl will bei Paulus zwei getrennte Gedankenreihen nachweisen, einerseits die Rechtfertigung aus dem Glauben, die uns zum religiösen Selbstgefühl befähigt nach Röm. 5, 1—5, andrerseits die Verleihung des Geistes Gottes, die uns zu aktiver Lebensgerechtigkeit treibt (II[3] S. 356, 370). Aber wenn auch eine relative Selbständigkeit beider Gedankenreihen vorhanden ist, so zeigt doch das 8. Kap. des Römerbriefs besonders von v. 14 an, ferner Röm. 5, 5, dass beide Gedankenreihen sich durchdringen. Von einer scharfen Scheidung der religiösen und der sittlichen Funktionen finden wir nichts bei Paulus.

Auch in der Lehre der Reformatoren will Ritschl diese Zweiheit der religiösen und der sittlichen Funktionen nachweisen. Mit schönen Worten weist er nach, wie der Rechtfertigungsglaube sich ausbreiten soll zu dem Vertrauen auf Gott in allen Lebenslagen, zur Weltüberwindung und zur christlichen Freiheit (I[3] S. 181 ff. III[3] S. 161 ff., 465 ff., 575 ff.). Aber falsch ist es, wenn Ritschl auch bei den Reformatoren zwei getrennte Begriffsreihen feststellen will. „Die Rechtfertigung erfolgt zum Zweck der Gewissensberuhigung des Gläubigen, die Gabe des heiligen Geistes als die Kraft zu guten Werken erfolgt zur Befriedigung Gottes oder zur Bewährung seines ewigen Gesetzes". (I[3] S. 190 f.) Denn in der Theologie der Reformatoren findet sich nicht diese Unterscheidung. Die sittliche Erneuerung wird unter die religiöse einfach subsummiert. Daher findet sich keine scharf geschiedene Terminologie zwischen den Begriffen, welche die religiöse Umwandlung und welche die sittliche Erneuerung bezeichnen; justificatio, regeneratio, vivificatio werden abwechselnd gebraucht, indem bald vorwiegend die religiöse, bald mehr die sittliche Seite der Erneuerung, bald beides in einem gemeint ist. Ebenso wechselt justificari mit justum effici. (Vgl. Loofs StKr 1884 S. 619, 643; Eichhorn StKr 1887 S. 462 f.) Es ist vollkommen richtig, wenn Ritschl den Gegensatz der katholischen und der evangelischen Justifikationslehre darin findet, dass erstere die Herstellung einer sittlichen Beschaffenheit im Menschen nachweisen wolle, die letztere die Herstellung der religiösen Beziehung zu Gott (III[3] S. 34 ff., I[3] S. 142 ff.). Aber die Reformatoren denken doch in der religiösen Umwandlung des Menschen seine sittliche eingeschlossen. Man kann daher nicht die „absichtliche Unterscheidung zwischen justificatio und regeneratio" für den Lehrbegriff der Reformatoren erklären (so Ritschl I[3] S. 105, 139). Insbesondere ist es keine Anschmiegung an die verschiedenartige römische Lehre, keine Abweichung von dem genuinen reformatorischen Grundgedanken, wenn in der Rechtfertigungslehre nachgewiesen wird, wie der Sünder zu guten Werken befähigt werde. (Gegen Ritschl I³ S. 190.) Die Reformatoren kennen eben nicht die doppelte Zweckbeziehung des christlichen Lebens, die Ritschl bei ihnen finden will. Ebensowenig lässt sich in der nova vita, die aus der Rechtfertigung folgt, die religiöse Seite, die in der Erfüllung der Gebote der ersten Tafel, in Gottvertrauen und Geduld besteht, von der sittlichen Seite, der Erfüllung der Gebote der zweiten Tafel, so unterscheiden, als ob beide unter ganz verschiedenen Zweckbeziehungen ständen. Eine direkte Zweckbeziehung der Rechtfertigung auf die guten Werke liegt z. B. in der Apologie der Augsburger Konfession III, 228 vor: „Ideo justificamur, ut iusti bene operari et obedire legi incipiamus". Um diese Beziehung der Rechtfertigung auf das sittliche Handeln zu beseitigen, behauptet Ritschl ganz willkürlich, das bene operari beziehe sich nur auf die Gebote der ersten Tafel, auf das Gottvertrauen. (R. V. III³ S. 164f., hiergegen Loofs StKr 1884 S. 638.) Es ist ein wichtiger Gedanke der Reformatoren, den Ritschl nicht müde wird zu wiederholen, dass die Folgen der Rechtfertigung Gottvertrauen und Geduld im Leiden sind. Aber es ist einseitig, wenn Ritschl die Rechtfertigung ausschliesslich auf diese „religiösen Funktionen" bezieht. Mit Unrecht spricht er (III³ S. 467) von der ganz apokryphen Kombination der Rechtfertigung mit der Heiligung. Es liessen sich mehr Stellen als die von Ritschl (I³ S. 157) unbefangen aus Luther angeführte nachweisen: „Die Glaubensgerechtigkeit wird zwar ohne Werke gegeben, aber dennoch zum Zwecke der Werke". Frank ist daher im Recht, wenn er (Geschichte und Kritik der neueren Theologie S. 326) urteilt: „Es heisst die evangelische Lehre bis auf den Grund verderben, wenn man diese Abzweckung der Rechtfertigung auf die Heiligung irgendwie zurücksetzt oder aufhebt". Die Konstruktion des Christentums als in zwei verschiedenartigen Reihen von Funktionen verlaufend, hält dem Lehrbegriff der Reformatoren gegenüber nicht stand. Sie kennen nicht zwei verschiedene Zweckbeziehungen des Christentums, sondern nur eine einzige und ordnen die sittliche Seite des Christentums ganz unter die religiöse ein. Unrichtig ist es darum auch, wenn Herrmann (Die Religion S. 3) urteilt, die Reformation habe „eine scharfe Unterscheidung von Religion und Sittlichkeit erreicht". Vielmehr hat sie die Sittlichkeit der Religion eingeordnet. Erst die neuere Zeit, in der die Versuche, eine Moral ohne Religion zu begründen, sich mehrten, hat auch das Herrmann'sche Unternehmen möglich gemacht, von dem Boden einer selbständig begründeten Ethik zur Anerkennung der Religion zu gelangen.

Ungerecht ist auch Ritschls Beurteilung der Definition Schleiermachers (Der christl. Glaube § 11) vom Wesen des Christentums. Ritschl tadelt es (III³ S. 9) an Schleiermacher, dass dieser nur von dem Gedanken der Erlösung spricht, der im Mittelpunkt des Christentums stehe, aber nicht von dem Gedanken des Reiches Gottes. Aber Schleiermacher kennt nicht die doppelte Zweckbeziehung des Christentums in dem Begriff der Erlösung und dem des Reiches Gottes. Für ihn ist der Gedanke des sittlichen Handelns im Reiche Gottes vollständig mit eingeschlossen in dem Begriff der Erlösung. Er brauchte daher in der Definition des Christentums nicht gesondert erwähnt zu werden. (Ebenso urteilt W. Schmidt, Dogmatik I S. 346ff.)

Ritschls eigene Terminologie ist nun in Bezug auf den Begriff des Reiches Gottes nicht vollkommen klar und konsequent durchgeführt. Nach der Erklärung, von der Ritschl ausgeht (III³ S. 11), steht die ethische Seite des Christentums unter dem Begriff des Reiches Gottes. Der Begriff des Reiches Gottes bezeichnet demgemäss nur die ethische, nicht die religiöse Seite am Christentum. In diesem ausschliesslich ethischen Sinne wird der Reich-Gottes-Begriff gewöhnlich bei Ritschl verwendet. Er bedeutet „die sittliche Vereinigung des menschlichen Geschlechtes durch das Handeln aus dem Motiv der allgemeinen Nächstenliebe". (III³ S. 267, vgl. 481ff.) Er stimmt darum der Kant'schen Definition des Reiches Gottes als einer „Verbindung der Menschen durch Tugendgesetze" zu (III³ S. 11). Die ausschliesslich ethische Bestimmung des Reiches Gottes stimmt allein mit der von Ritschl zu Grunde gelegten Konstruktion des Christentums als einer Ellipse mit zwei Brennpunkten überein.

Nun erscheint aber bisweilen der Begriff des Reiches Gottes wieder als der religiöse Grundbegriff; so im „Unterricht" § 5ff. Ferner sagt Ritschl (GGA 1874 S. 1139f.), der Begriff des Reiches Gottes sei für die Ethik massgebend, aber auch „für die Gesamtanschauung des Christentums als Religion der oberste Gesichtspunkt". Diese Erklärung stimmt aber mit seinem eigenen System nicht überein, das in eine doppelte Zweckbestimmung des Christentums ausläuft, einerseits in die Weltüberwindung durch Gottvertrauen, andererseits in das sittliche Handeln aus dem Motiv der Liebe, wodurch man an dem obersten Zweck Gottes mit der Welt, dem Reiche Gottes teilnimmt. Eine Subsumtion des einen Gedankens unter den anderen lehnt er ab.

Im Neuen Testament, besonders in der Lehre Jesu, ist nun das Reich Gottes nicht bloss eine sittliche Aufgabe, nicht ein Produkt der Menschen, sondern in erster Linie das religiöse Gut, erst in zweiter Hinsicht zugleich das sittliche Ideal. (Vgl. Köstlin StKr 1892 S. 407ff., Kaftan, Wesen d. christl. Religion 2. Aufl. S. 225ff.) Ganz hat sich auch Ritschl diesen Erwägungen nicht verschlossen. Er fügt daher seit der 2. Aufl. seines Hauptwerks (§ 6) und seines Unterrichts (§ 5) hinzu, dass das Gottesreich das höchste Gut ist, welches Gott an den Menschen verwirklicht. Doch dieser Begriffsbestimmung wird im weiteren nicht Raum gegeben. Wenn Ritschl sie durchführte, würde seine ganze Konstruktion des Christentums als einer Ellipse mit zwei Brennpunkten durchbrochen werden, die beiden Brennpunkte würden in einen Mittelpunkt zusammenrücken, und die Subsumtion des Sittlichen unter die Religion wäre erreicht.

Noch ein anderer ungelöster Widerspruch scheint mir in Ritschls System vorzuliegen. Nach den Ausführungen III[3] § 52 S. 465ff. hat die Rechtfertigung den Zweck, dem Menschen seine erhabene Weltstellung zu ermöglichen. In diesem Zusammenhange polemisiert er energisch dagegen, dass die Rechtfertigung den Zweck habe, die guten Werke zu ermöglichen. Ihre Kombination mit der Heiligung sei apokryph. An andrer Stelle dagegen, III[3] § 39 S. 301ff., erscheint als der Zweck der Versöhnung die Herstellung der Willensübereinstimmung der Menschen mit Gott, die Aufnahme in das Reich Gottes. Wie sich beide Gedanken zu einander verhalten, wird nicht gesagt. Giebt man dem letzteren Gedanken Raum, so erscheint die Polemik Ritschls gegen die Beziehung der Rechtfertigung auf die guten Werke oder die Heiligung hinfällig. Denn ist es etwa ein so verschiedener Gedanke: Die Rechtfertigung hat den Zweck, die Willensübereinstimmung der Menschen mit Gott herzustellen, und: die Rechtfertigung hat den Zweck, die Heiligung des Menschen oder seine guten Werke hervorzurufen? Ist nicht beides im Wesentlichen dasselbe?

Eine engere Zusammenordnung von Religion und Sittlichkeit wird von Ritschl ferner in dem Begriff der Versöhnung erreicht.

Dieser soll nach ihm mit der Rechtfertigung identisch sein, nur ist zugleich der Erfolg der Rechtfertigung damit ausgedrückt, die Aufhebung des Widerspruchs des sündigen Willens gegen Gott liegt in ihm mit ausgesprochen (III³ S. 75). Doch soll nur die allgemeine Richtung des Willens auf Gott aus der Versöhnung folgen, nicht schon die besonderen sittlichen Entschliessungen im einzelnen (III³ S. 526).

Somit ist zu urteilen: Ritschl wird der inneren Durchdringung von Religion und Sittlichkeit nicht gerecht, wenn er zwei neben einander laufende Reihen von Funktionen feststellen will, in denen das Christentum verlaufe. Er durchbricht aber diese Zweiheit wieder, indem sich bei ihm Ansätze finden, eine engere Einheit von beiden herzustellen. Hierdurch kommt eine Unklarheit in seine Theologie. Entweder ist der Begriff des Reiches Gottes der oberste in seiner Theologie, dann ist die ethische Erneuerung der leitende Gesichtspunkt. Oder sein Religionsbegriff ist die massgebende Idee. Dann ist die Herstellung einer über die Welt erhabenen Herrscherstellung der letzte Zweck der Religion. Beide Gedanken stehen ziemlich unvermittelt neben einander. In beiden Fällen aber tritt der zu Grunde gelegte Begriff der Rechtfertigung seinen Folgen gegenüber zurück. Diese sind einerseits Willensübereinstimmung mit Gott, andrerseits Weltüberwindung.

Vierter Abschnitt.

Das dogmatische System Ritschls in seinen einzelnen Lehrpunkten.

Kapitel 1.

Die Lehre von Gott.

In der Gotteslehre Ritschls sind seine philosophischen und theologischen Prinzipien massgebend. 1. Da er alle Philosophie aus der Theologie ausscheiden will, verwirft er die Beweise für das Dasein Gottes, am konsequentesten in der 3. Auflage. 2. Da alles religiöse Erkennen in Werturteilen verlaufen soll, verwirft er alle objektiv theoretische Spekulation über das Wesen Gottes an sich. Nur in einem Akte des Vertrauens erfahre man Gottes Wirklichkeit. 3. Entsprechend dem Grundsatz, dass man von der Offenbarung Gottes in Christo ausgehen müsse, setzt Ritschl mit dem vollen christlichen Gottesbegriff ein: Gott ist die Liebe oder der auf die Herstellung des Reiches Gottes gerichtete Wille. Daher wird alle Gotteserkenntnis, die von philosophischen Begriffen ausgeht, verworfen, ebenso alle „natürliche Theologie“, die von unterchristlichen Massstäben zur Bestimmung des Gottesbegriffs ausgeht. Ferner werden besonders alle die Theorien verworfen, welche den Begriff der Gerechtigkeit dem der Liebe überordnen.

In der ersten Auflage seines Hauptwerks versucht Ritschl einen streng theoretischen Beweis für die wissenschaftliche Giltigkeit der Gottesidee. An dem Gelingen dieses Beweises hängt ihm die wissenschaftliche Begründung der Religion (III [1] S. 191). Er führt im Anschluss an Kants Kritik der Urteilskraft aus: Das theoretische Erkennen müsse neben der Realität der Natur die Realität des Geisteslebens anerkennen; in seinem sittlichen Handeln fühlt der Mensch sich über die Natur erhaben und beurteilt sie als Mittel für seine Zwecke. Wenn man nun nicht darauf verzichtet, den Grund für das Zusammensein von Natur und Geist zu begreifen, so müsse man annehmen, dass Gott die Natur als Mittel für den menschlichen Geist geordnet habe. Die Gottesidee ist somit das lösende Wort, welches das Zusammenbestehen der Natur- und Geisteswelt erklären soll. Diese Lösung sei ein rein theoretischer Akt, denn das wissenschaftliche Interesse fordere von selbst zu einer derartigen Lösung auf. Er tadelt deshalb Kant, der diesen Beweis für keinen streng theoretischen, sondern nur für praktischen Glauben hält. Er weist es überhaupt ab, dass man die praktische Vernunft der theoretischen entgegensetze. Sie sei vielmehr eine Art der theoretischen Vernunft. Hierin spricht sich die vollkommen richtige Erkenntnis aus, dass Schlüsse und Reflexionen über ethische und religiöse Erfahrungsthatsachen auch theoretische Sätze sind. Hiermit aber fällt die seit der 2. Auflage vollzogene scharfe Scheidung zwischen Werturteilen und theoretischen Urteilen hin. Werturteile werden damit, wenn sie vor der vernünftigen Reflexion sich haltbar erweisen, zu theoretischen Erkenntnissen. Diesen Zwiespalt mit seinen eigenen Prinzipien hat Ritschl auch selbst gefühlt. Er entschliesst sich daher nach einigen Abschwächungen in der 2. Auflage erst in der 3. Auflage (S. 214) zu der Behauptung: „Diese Annahme der Gottesidee ist, wie Kant bemerkt, praktischer Glaube und nicht ein Akt theoretischer Erkenntnis.“ Die vorhergehenden Seiten führten aber auf das Gegenteil, denn auch jetzt noch (III[3] S. 211) behauptet er, dass „auch die praktische Vernunft ein Zweig des theoretischen Erkennens“ ist. So liegt auch hier einer der unausgeglichenen Widersprüche vor, mit denen gerade die philosophischen Prinzipien Ritschls behaftet sind. Wenn man in den Beweisen für das Dasein Gottes das theoretische Denken in Gegensatz zur religiösen und sittlichen Erfahrung stellt, wird man allerdings die Beweise für nichtig halten. Stellt man aber theoretisches Denken und religiöse Erfahrung nicht in Gegensatz, sondern fasst die Beweise als das auf, was sie sein wollen, als Beweise aus dem, was die vernünftige, sittliche und religiöse Erfahrung ermittelt, so wird man nicht bloss den Ritschl'schen sondern auch die übrigen Gottesbeweise für haltbar anerkennen können.

Die Ausscheidung des theoretischen Gottesbeweises in der 3. Aufl. entspricht allerdings den Prinzipien seiner Theologie besser. Besonders durch den Einfluss seiner Schüler hat Ritschl sich noch zu schärferer Entgegensetzung der Glaubensaussagen zu aller theoretischen Erkenntnis treiben lassen. Während er noch in der 1. Aufl. von der Frage ausgeht: „Unter welchen Bedingungen aber kann und muss die Idee Gottes auch von dem theoretischen Erkennen adoptiert werden?“ (III[1] S. 184), betont er in den folgenden Auflagen, dass die Gotteserkenntnis nur in Werturteilen, nicht in theoretischer Erkenntnis vor sich gehen dürfe. (III[3] S. 201ff., 214f.) Er beruft sich hierfür auf die grundlegenden Erklärungen Luthers im grossen Katechismus, worin es heisst, dass „einen Gott haben nichts anderes ist, denn ihm von Herzen trauen und glauben“. Dies Vertrauen wird jedoch bei Luther nirgends in einen Gegensatz zur theoretischen Erkenntnis Gottes gebracht. Diesen Gegensatz trägt erst Ritschl ein. Luther ist überzeugt, im Vertrauen auf Gott zugleich die richtige theoretische Erkenntnis Gottes zu haben. Daher wird auch die Theologie die sich aus der religiösen Erfahrung ergebenden Probleme über die Denkbarkeit des Wesens Gottes und seiner Eigenschaften zu behandeln haben, freilich nicht abgesehen von der religiösen Erfahrung und ohne Rücksicht auf sie. Ritschl selbst überschreitet auch (III § 30) seinen eigenen Grundsatz, indem er einen metaphysisch-spekulativen Verteidigungsversuch der Persönlichkeit Gottes unternimmt. Im Gegensatz zu der Behauptung von Strauss, dass der Begriff der Persönlichkeit etwas Beschränktes von Gott aussage, sucht Ritschl im Anschluss an Lotze zu zeigen, dass eine vollkommene Persönlichkeit vielmehr das höchste Mass von Aufgeschlossenheit anderen gegenüber in sich trage. Dass diese Konstruktion im Widerspruch mit seinen Prinzipien steht, haben Reischle (ZThK 1891 S. 346) und Traub (ZThK 1894 S. 118f.) hervorgehoben. Wenn Traub der Meinung ist, hier liege eine unberechtigte Wertschätzung des theoretischen Erkennens vor, so werden wir vielmehr schliessen dürfen, dass eine theoretische Gotteserkenntnis nicht im ausschliessenden Gegensatz zum praktischen Glauben steht.

Mit demselben Recht, wie Ritschl den Begriff der Persönlichkeit verteidigt, ist daher auch der Begriff des Absoluten festzuhalten. Ritschl dagegen polemisiert (Th. M.[2] S. 15ff., R. V. III[3] S. 225ff.) gegen die Verwendung dieses Begriffs bei Frank. Er behauptet: 1. Wenn man von diesem Begriff ausgehe, lege man nicht die christliche Erfahrung zu Grunde, sondern deduziere alles von oben herab, von Allgemeinbegriffen aus. 2. Der Begriff sei ganz ungeeignet, auf Gott übertragen zu werden, weil er wörtlich das von anderem Abgelöste bezeichne. (Vgl. hiergegen Frank, Geschichte und Kritik der neueren Theologie S. 307, Pfleiderer, Die Ritschl'sche Theologie S. 7ff., R. Seydel, Rel.-Phil. S. 121f., Nitzsch, Dogmatik[2] S. 341, Scheibe, Werturteile S. 71f., Pfennigsdorf S. 125ff., auch Kaftan ZThK 1891 S. 489.) Aber in diesem Begriff liegt nicht, dass man abgesehen von der religiösen Erfahrung etwas von Gott zu wissen vorgiebt, sondern vielmehr, dass man von der religiösen Erfahrung auf Gottes Wesen selbst zurückschliesst. Man kann nicht bei Begriffen stehen bleiben, die nur eine Beziehung Gottes zur Welt und zu den Menschen ausdrücken, sondern muss das zu Grunde liegende Wesen Gottes selbst zu beschreiben suchen. Ritschl dagegen will derartige Begriffe ausschliessen infolge seines erkenntnistheoretischen Grundsatzes, dass Sein soviel ist wie in Beziehung zu anderem stehen. In Wahrheit aber ist es sowohl philosophische wie religiöse Notwendigkeit, von einem Gottesbegriff auszugehen, der die Erhabenheit Gottes über die Welt aussagt. Weder der Begriff der Liebe noch der der Persönlichkeit sagen aber etwas von Gott aus, was ihm im Unterschiede von den Menschen zukommt. Das Absolute aber bedeutet durchaus nicht das Abgelöste, sondern das in sich Vollkommene. Dieser Begriff drückt daher die Erhabenheit Gottes über alles Endliche aus und ist in der Glaubenslehre notwendig zu gebrauchen.

Somit ist zu urteilen: Das theoretisch-philosophische Denken erzeugt zwar nicht die Gottesidee, aber wenn wir mit metaphysisch-spekulativen Sätzen Gottes Wesen darzulegen suchen, so ist dabei gar nicht die Absicht vorhanden, auf rein theoretischem Wege eine Erkenntnis Gottes a priori zu erreichen. Vielmehr soll mit diesen Begriffen die religiöse Erfahrung auf einen klaren und bestimmten Ausdruck gebracht werden. Es ist auch unmöglich, allein solche Begriffe auf Gott anzuwenden, die seine Beziehung zur Welt ausdrücken. Wir sind auf Grund unsrer Denkformen genötigt, auf ein seiner Offenbarung zu Grunde liegendes Wesen Gottes an sich zurückzugehen.

In der Polemik Ritschls gegen die natürliche Theologie liegt ferner, dass man allein von dem vollen christlichen Begriff Gottes als der Liebe ausgehen müsse. Nun ist schon oben (S. 44f.) bemerkt worden, dass es auch berechtigt ist, von der in der spezifisch christlichen Heilserfahrung mitgesetzten natürlichen und sittlichen Erkenntnis Gottes auszugehen. Hierdurch kommt es deutlicher zum Ausdruck, dass die Menschheit in einem allmählichen Stufengang zur spezifisch christlichen Gotteserkenntniss hindurchgegangen ist. Ebenso knüpft die spezifisch christliche Erfahrung im einzelnen an das Kapital natürlicher und sittlicher Erfahrung an, das in ihm schon vorhanden ist. (Vgl. Harnack, Die natürliche Gotteserkenntnis, ChrW 1888 Sp. 398ff.) Insofern ist Ritschls Gegensatz gegen die natürliche Theologie durchaus übertrieben. Immerhin ist es berechtigt, wenn Ritschl sich dagegen wendet, dass von einem unterchristlichen Gottesbegriff aus die christliche Versöhnungslehre konstruiert werde (III § 32f.). Dies sei in der orthodoxen Theologie der Fall, in welcher ein äusseres Rechtsverhältnis zwischen Gott und den Menschen, die Idee der vergeltenden Gerechtigkeit als oberster Grundsatz aufgestellt werde.

Der Grundgedanke Ritschls ist vollkommen richtig, dass die Versöhnung aus dem christlichen Grundbegriff Gottes als der Liebe herzuleiten ist. Immerhin aber fragt es sich, ob nicht den Gedanken der Gerechtigkeit, der Heiligkeit und des Zornes Gottes als unter- und eingeordneter Momente im christlichen Gottesbegriff eine vollere Würdigung zu teil werden muss als in der Theologie Ritschls. Dieser sucht nämlich exegetisch zu beweisen, dass die Gerechtigkeit im Alten und Neuen Testament die Rechtbeschaffenheit, die Angemessenheit an eine Norm, nämlich die der Bundestreue bedeute. Sie beziehe sich nur auf die Frommen; sie sei die rechtschaffende Thätigkeit, welche deren Heilsvollendung bewirke (II³ S. 102ff., III³ 445f.). Sie sei also von der Liebe oder Gnade nicht zu unterscheiden. Die vergeltende Gerechtigkeit dagegen sei ein Grundsatz, der in der hellenischen und in der pharisäischen Religion seinen Ort habe. (R. V. I³ S. 223, II³ S. 155, 318, III³ S. 247ff., 449, Unterricht § 42c. Vgl. hiergegen Pfleiderer IprTh 1890 S. 62ff., Cremer, Die paulinische Rechtfertigungslehre 1899, S. 7ff.) Wenn auch die Heilsvollendung der Frommen in dem biblischen Begriff der Gerechtigkeit voransteht, so zeigen doch Stellen wie Jes. 5,16, 28,17, Ps. 50,6 deutlich, dass die vergeltende Gerechtigkeit in diesem Begriff eingeschlossen liegt. Dieser Begriff ist durchaus nicht hellenischen oder pharisäischen Ursprungs.

Den Begriff der Heiligkeit Gottes will Ritschl ganz beseitigen. Im Alten Testament nämlich seien zwei Schichten der Vorstellung von der Heiligkeit zu unterscheiden. Nach der älteren bedeute es die Unnahbarkeit Gottes, die eine Schranke der Offenbarung bilde, nach der jüngeren sind gerade die Motive der Offenbarung in diesem Begriff eingeschlossen. Die erstere sei im Neuen Testament abgestossen, im übrigen aber der Gebrauch dieses Begriffs undeutlich. „Die Fälle, in welchen das Prädikat im N. T. ausgesprochen wird, sind sehr selten, und ihre Beziehung ist teilweise schwer zu erraten.“ (II[3] S. 101, 89ff., III[3] S. 260. Vgl. hiergegen Pfleiderer IpTh 1890 S. 60ff.) Die Heiligkeit ist vielmehr als ein Moment des christlichen Gottesbegriffs festzuhalten. Sie bezeichnet das über alles Unreine erhabene, ethische Wesen Gottes. (Vgl. auch Kaftan, Dogm. S. 185.)

Der biblische Begriff des Zornes Gottes hat, wenn man die bildliche Vorstellung eines Affekts in Gott abstreift, dadurch seine Bedeutung, dass er die Unverletzlichkeit Gottes dem sündigen Willen gegenüber kundthut. Die göttliche Heiligkeit offenbart sich als strafende und den Sünder von seiner Gemeinschaft ausschliessende. Indem hierdurch im Sünder das quälende Bewusstsein der Gottentfremdung hervorgerufen wird, kann er in diesem Gotteszorn die Liebe erfahren, die ihn zur Busse ruft. Dagegen nach Ritschl (II[3] S. 119ff. I[3] S. 222, 380f., III[3] S. 305ff.) soll weder die Vorstellung vom Zorn Gottes als einer Metastase der Liebe berechtigt sein, noch die Beziehung des Zornes auf die Sünde überhaupt. Er bedeute vielmehr die vernichtende Reaktion Gottes gegen die Menschen, die endgiltig in ihrem Widerspruch gegen Gottes Willen verharren. Da nun mit dieser Annahme die zahlreichen Psalmstellen nicht stimmen, in denen die Frommen ihre Leiden auf den gegenwärtigen Zorn Gottes zurückführen, so greift Ritschl (II[3] S. 133) zu der gesuchten Ausflucht, dass der Zorn Gottes hier nur hypothetisch verstanden werden könne, d. h. die Frommen fürchten nur unter dem Zorne Gottes zu stehen. Auch im Neuen Testament soll der Zorn Gottes ausschliesslich eschatologischen Sinn haben, während doch Eph. 2,3, Joh. 3,36, Röm. 1,18 dem aufs Klarste widersprechen. Es gebe kein religiöses Interesse, den Zorn Gottes auf gegenwärtige Erfahrungen anzuwenden (II[3] S. 140, 154).

Im Gegensatz hierzu wird dagegen (III[3] S. 306) zugegeben, dass auch die Erlösten „in ihrer zeitlichen Vorstellungsweise die

Empfindung von dem Wechsel göttlichen Zornes und Erbarmens gegen sie haben. Nicht anders kann man die Phänomene des Schuldbewusstseins und der Auffassung der Übel als Wirkungen des göttlichen Fluches beurteilen". Hier wird doch gerade zugegeben, was vorher bestritten wurde, dass gegenwärtige Erfahrungen den Anlass bieten, von göttlichem Zorn zu reden. Durch eine ganz andersartige Betrachtungsweise sucht Ritschl hier diesen Begriff zu entfernen. Vom Standpunkte der Versöhnung aus werden diese Erfahrungen als Mittel zur Bekehrung, also als Fügung der Gnade und Güte Gottes erkannt. Also ergiebt sich, dass der Sünder nur in dem scheinbaren Zorn Gottes stand. Daher dürfe man sub specie aeternitatis nur von der ewig sich selbst gleich bleibenden Liebe Gottes reden. Diese Ausführung nähert sich der richtigen Anschauung an, dass der Zorn Gottes als Äusserung seiner züchtigenden Liebe aufzufassen sei. Aber Ritschl bringt hier einen merkwürdigen Dualismus in seine Betrachtung hinein. Das, was als Thatsache gegenwärtiger Erfahrung empfunden wird, soll im Gegensatz zu einer metaphysisch-theologischen Gesamtbetrachtung stehen. (Vgl. hierzu Pfleiderer JpTh 1890 S. 55ff., Dieckmann ZwTh 1893 S. 321ff., Ecke S. 51ff.)

Die Begriffe der Gerechtigkeit, der Heiligkeit, des Zornes Gottes sind somit voller zu würdigen, als es bei Ritschl der Fall ist. Diese Begriffe sind zwar nicht die obersten im christlichen Gottesbegriff, sie können auch in keinen Konflikt zur Liebe treten, aber sie kommen als untergeordnete Momente im christlichen Gottesbegriff zur Erfahrung. Wo die Liebe verschmäht wird, kommen Gerechtigkeit, Heiligkeit und Zorn Gottes zur ausschliesslichen Geltung.

Kapitel 2.

Die Lehre von der Sünde.

In der orthodoxen Sündenlehre offenbart sich ein gewaltiger sittlicher Ernst. Es wird mit der Sünde nicht irgendwie leicht genommen. Jede Sünde ist eine unendliche Schuld und verdient die ewige Verdammnis. Die Menschen werden daher als eine unterschiedslose massa perditionis angesehen. Sie sind von Natur ohne irgend welche sittliche Kraft und Freiheit; sie können Gott nur widerstreben. Ja das Verderben ist ausnahmslos über die Menschen hereingebrochen. Der einzelne schmachtet schon infolge des Falles Adams unter dem Verhängnis der Sünde, der Schuld und des Todes.

Die Verstandeskritik hat nun aber seit den Tagen des Socinianismus berechtigte Einwendungen gegen die kirchliche Sündenlehre geltend gemacht. Ist die sittliche Freiheit des Menschen wirklich vollständig verloren gegangen? Dann wäre überhaupt keine Erlösung möglich; denn dann gäbe es nichts, woran die Erlösung anknüpfen könnte. Wenn jede Sünde schon die ewige Verdammnis verdient, wäre konsequenter Weise keine Erlösung aus dieser möglich. Vor allem aber unterliegt die überlieferte Erbsündenlehre berechtigten Bedenken des Verstandes und des sittlichen Bewusstseins: Kann um der einen Sünde Adams willen das ganze Menschengeschlecht verdammt werden? Ist eine Erbschuld überhaupt sittlich denkbar? Und schliesslich: die ganze Erzählung vom Sündenfall ist nicht reine Geschichte sondern Mythologie. Sie ist als symbolische Einkleidung höherer Wahrheiten aufzufassen.

Im Gegensatz zur Orthodoxie schwärmte der Rationalismus in manchen seiner Vertreter, durch Rousseau beeinflusst, von der natürlichen Güte des Menschen. Aber schon Kant erkannte das tiefe sittliche Elend der Menschennatur und sprach von dem radikalen Bösen, das in einer intelligibeln Freiheitsthat des Menschen seinen Ursprung haben solle.

Die neuere Theologie sucht den Ernst der alten Anschauungen festzuhalten, erkennt aber das Berechtigte der Verstandesbedenken gegen die Erbsündenlehre an.

Ritschls Lehre von der Sünde ist von seinen theologischen Prinzipien beeinflusst. Entsprechend dem Grundsatz, dass alle Glieder der christlichen Weltanschauung vom Standpunkt der Offenbarung Gottes in Christo darzulegen sind, geht er davon aus (R. V. III³ S. 310), dass auch die Thatsache der Sünde „vom Standpunkte der Versöhnungsgemeinde“ aufzufassen sei. Das Evangelium von der Sündenvergebung sei der Erkenntnisgrund unsrer Sündhaftigkeit. Zwar leugnet Ritschl nicht, dass es auch ausserhalb des Christentums Erkenntnis der Sünde gebe. Aber dem Gedanken, dass die Erkenntnis der eigenen Sünde schon in dem sittlichen Bewusstsein des Menschen begründet ist, hätte weit mehr Nachdruck gegeben werden müssen. Es ist vollkommen richtig, dass im Verlaufe des Christenlebens die Sünde immer vollkommener erkannt wird (R. V. III³ S. 312). Aber Ritschl verkennt durchaus die Berechtigung der Forderung, aus der Erkenntnis der Sünde die Sehnsucht nach der Erlösung zu gewinnen. Er lässt nicht den Glauben aus der Busse hervorgehen, sondern umgekehrt erst die Busse aus dem Glauben folgen. Er verkennt die vorbereitende Stufe des Gesetzes und bestreitet, dass die Busse aus dem Gesetz hervorgehe. Infolge dessen werden die Reformatoren deswegen getadelt, dass sie die Busse von dem Gesetz abhängig machen, anstatt von dem in der Kirche oder Gemeinde vorhandenen Heilsbesitz (I³ S. 187 ff. 199 ff. III³ S. 152 ff. Ferner: Herrmann, Die Busse des evangelischen Christen, ZThK 1891 S. 28 ff., und dagegen Lipsius, Luthers Lehre von der Busse 1892). Es werden hier wieder die Reformatoren gegen die Reformatoren ausgespielt. Ihre ursprüngliche Meinung sei gewesen, dass die Reue in ihrem ersten Anfang wie in ihrem weiteren Verlauf von der Liebe zum Guten ausgehen müsse. Nach Herrmann kommt man nur dadurch zur Busse, dass man Menschen anschaut, in denen das Gute eine Macht geworden ist, vor allem durch den Eindruck der sittlichen Hoheit der Person Jesu. Die Grundform der Busse sei die poenitentia evangelica, nicht die poenitentia legalis. Diese richtige Ansicht, die Luther in dem sermo de poenitentia erreicht habe, sei später verdunkelt worden. 1. Schon sobald die Reformatoren ihre Lehre systematisch darzulegen versuchten, hätte die Rücksicht auf die katholischen gleichnamigen aber andersartigen Begriffe eine Veränderung ihrer Grundgedanken hervorgerufen (I³ S. 153 ff.). 2. Luther habe seine individuellen persönlichen Erlebnisse, die ihn durch die Schrecknisse des Gesetzes hindurchgeführt hätten, in zu starker Verallgemeinerung in die Lehre von der Rechtfertigung aufgenommen (I³ S. 180 ff. III³ S. 152 ff.) 3. In dem Streit mit Agricola vom Jahre 1527 habe Agricola die echt reformatorische Anschauung vertreten, dass die Busse von der Liebe zur Gerechtigkeit ausgehe. Ihm gegenüber hätten die Reformatoren ihre Lehre geändert aus Rücksicht auf den „gemeinen groben Mann", weil diesem zuerst mit aller Energie die sittlichen Forderungen des Christentums eingeprägt werden mussten. Hiermit hätten die Reformatoren aber darauf verzichtet, christliche Gemeinden vor sich zu sehen, in denen der Heilsbesitz schon gegenwärtig sei. Die Methode des Busskampfes, welche die Pietisten seit A. H. Francke forderten, knüpfe direkt an diese falsche Lehrbildung an (I³ S. 200ff. III³ S. 154ff.). Nun ist es vollkommen richtig, dass der Christ in der Busse nicht in unfruchtbarer Selbstquälerei festzuhalten ist. Er ist vielmehr zum Heilsglauben hinzuleiten. Aber in dem Satz der Reformatoren „lex arguit peccata" liegt das vollkommen Richtige, dass der Mensch zuerst zur Anerkennung seiner sittlichen Verbindlichkeit und seiner persönlichen Schuld geführt werden muss. Dies geschieht aber nur, indem der heilige Gotteswille als ein fordernder und richtender an den Menschen herantritt. Die Busse knüpft somit an das im natürlichen Menschen vorhandene sittliche Bewusstsein an. Wenn es auch richtig ist, dass die vollkommene Busse des Christen aus dem Heilsglauben hervorgeht, so ist es doch falsch, alle Busse aus der Liebe zum Guten herzuleiten. Das fordernde und richtende Gesetz hat als Voraussetzung der Rechtfertigung durchaus seine Bedeutung. Die methodische Forderung Ritschls, alle Glieder der christlichen Weltanschauung aus dem in der Gemeinde vorhandenen Heilsbesitz abzuleiten, lässt ihn verkennen, dass dieser Heilsbesitz nicht schon jedem getauften Gliede derselben zugänglich ist, sondern dass der einzelne erst durch die vorbereitenden Stufen sittlicher Erziehung zu demselben hinzuleiten ist.

Was nun das Wesen der Sünde betrifft, so beschreibt Ritschl dies entsprechend seiner Konstruktion des Christentums als einer Ellipse mit zwei Brennpunkten. Den religiösen Funktionen des Christentums steht gegenüber die Sünde als Misstrauen und Mangel an Ehrfurcht gegen Gott. Dem sittlichen Handeln, das auf die Herstellung des Reiches Gottes gerichtet ist, steht gegenüber die Verflechtung der Sünde in einem Reich der Sünde (III³ S. 315ff.). Bei dieser doppelten Auffassung der Sünde kommt jedoch das, was ihr eigentliches Wesen bildet, nicht zum Ausdruck, das Widerstreben gegen den im Gesetz gegebenen Willen Gottes. Erst gelegentlich findet sich später (S. 357) die richtige Definition: „Sünde ist im allgemeinen der aktive und der habituelle Widerspruch gegen Gott und das Gute". Von dieser Erklärung hätte vielmehr ausgegangen werden müssen. Dann wäre die künstliche Konstruktion des Wesens der Sünde in zwei verschiedene, nicht innerlich zusammenhängende Seiten vermieden worden. Nach

Ritschl ist die irreligiöse Seite, das Misstrauen und der Mangel an Ehrfurcht gegen Gott die Grundform der Sünde; ihre widersittliche Seite ist das Abgeleitete. In Wahrheit aber fällt beides in einander. Die Abkehr vom Guten ist zugleich eine Abkehr von Gott. Das Misstrauen gegen Gott ist erst eine Folge der Sünde. (Vgl. auch Nitzsch, Dogm. 2. Aufl. S. 303.) Ebenso wie Ritschl die Sittlichkeit nicht individuell, sondern kollektiv durch den Begriff des Reiches Gottes begründet, so fasst er auch an der widersittlichen Seite der Sünde ihre Kollektiveinheit ins Auge. Er bildet den Begriff „Reich der Sünde“ als logische Antithese gegen den Begriff Reich Gottes. Dieser Begriff soll zugleich einen Ersatz für den Begriff der Erbsünde bilden, den Ritschl mit besonderer Energie ablehnt.

Die Erbsündenlehre fasse den angeborenen sündigen Hang als Substanz der Sünde und die einzelnen sündigen Handlungen als unselbständige Accidentien dieser nötigenden Kraft des angeborenen sündigen Hanges. Im Gegensatz dazu stellt Ritschl die Behauptung auf, dass der Wille erst durch die einzelnen Handlungen seinen Charakter erwirbt. Diese Polemik gegen die Erbsündenlehre schiesst über das Ziel hinaus, denn H. Schmidt (ZWL 1884 S. 546) bemerkt mit Recht: „Das war doch nicht die Absicht (der lutherischen Erbsündenlehre), die Differenz der Handlungen unter der Herrschaft der Erbsünde ganz zu vergleichgiltigen und den Willen gewissermassen zu nullifizieren.“ Ferner bemerkt Ritschl, die Erbsünde mache sowohl die Verantwortlichkeit wie die Erziehung wie jede Unterscheidung von Stufen der Sünde unmöglich. Er verwirft sie darum nicht bloss in ihrer schroffen Form, sondern auch in der Zwingli'schen Fassung als eines angeborenen Hanges zum Bösen. Auch dieser lasse sich nicht erfahrungsgemäss nachweisen (III[3] S. 358). Dass es eine sündlose Entwickelung geben könne, ist nach Ritschl weder a priori noch aus der Erfahrung zu bestreiten (S. 358). Der sündige Hang ist nicht etwas Angeerbtes sondern etwas Erworbenes (S. 331). An einer Stelle (S. 320) spricht Ritschl davon, dass ein allgemeiner, jedoch noch unbestimmter Trieb zum Guten im Kinde vorhanden sei. Hiernach würde allein durch die in der Gesellschaft herrschende Sünde das Böse in das Kind hereinkommen. An andrer Stelle jedoch (Unterricht[3] § 28) heisst es, „dass der Trieb schrankenlosen Gebrauchs der Freiheit, mit welchem jeder Mensch in die Welt tritt, mit den mannigfachen Reizen zur Selbstsucht zusammentrifft, welche aus der Sünde der Gesellschaft hervorgehen". Diese beiden Sätze lassen sich, wie schon Nitzsch (Dogm. S. 308) bemerkt, schwer in Einklang bringen.

Die Ritschl'sche Lehre vom Reich der Sünde bringt, soviel Richtiges sie auch enthält, doch nicht zum Ausdruck, dass die Sünde nicht von aussen her in den Menschen hereinkommt. Der Hang zur Sünde ist vielmehr etwas Ursprüngliches im Menschen. Dies ist das berechtigte Moment an der Erbsündenlehre. In der paulinischen Lehre vom Fleisch als Sitz und Prinzip der Sünde kommt diese den einzelnen beherrschende Sündenmacht zum Ausdruck. Mit Unrecht behauptet Ritschl, dass Paulus den sündigen Hang für etwas Erworbenes halte (S. 330ff.). In seinem überall hervortretenden Bestreben, die Übereinstimmung seiner Aussagen mit der Bibel zu beweisen, kommt Ritschl hier in arges Gedränge. Er behauptet, die Erbsündenlehre sei nicht in der Bibel begründet (Unterricht § 27). Ps. 51, 7 sei ein individuelles Bekenntnis und könne darum keine allgemeine Lehrwahrheit begründen (R. V. III^{3} S. 326). Röm. 5, 12ff. soll nicht die Allgemeinheit der Sünde von dem Fall Adams abgeleitet werden, sondern nur das Verhängnis des Todes (S. 327ff.). Und auch hier muss Ritschl sich (S. 341) in direkten Gegensatz zu Paulus setzen: „Jedoch bloss deshalb, dass dieser Gedanke von dem Apostel gebildet ist, eignet er sich noch nicht zu einer theologischen Regel". Die Begründung seines Systems auf die biblische Lehre gerät hier in die Brüche. Ritschl sieht sich genötigt, ebenso wie die liberalen Theologen in der biblischen Verkündigung zwischen Vergänglichem und Bleibendem zu unterscheiden.

Über das Übel stellt Ritschl den Satz auf (R. V. III^{3} S. 335): „Der Begriff des Übels hat kein direktes Verhältnis zum Begriff der Sünde". Übel sind vielmehr Naturereignisse, die uns im Gebrauche unsrer Freiheit hemmen. Ritschl polemisiert daher (III^{3} S. 336ff. I^{3} S. 507ff.) gegen den Satz Schleiermachers, dass die Übel im ganzen Strafe der Sünde seien. Sünde und Übel gehören an sich nicht zusammen. Insbesondere ist der leibliche Tod nicht Folge der Sünde, sondern Naturverhängnis. Nur unter der Bedingung des eignen Schuldgefühls dürfe man sich die Übel als Strafe zurechnen. (S. 343ff., 46ff.) Hierbei kommt nicht zum Ausdruck, dass die Strafen, welche den Sünder treffen, die naturgemässe

Reaktion der sittlichen Weltordnung Gottes gegen die Sünde sind. Sie sind Strafen, gleichviel ob der Sünder sie im Schuldgefühl anerkennt oder nicht. Mit Unrecht behauptet Ritschl (III³ S. 343): „Die christliche Religion aber ist keine Rechtsgemeinschaft zwischen den Menschen und Gott. Also ist die Anwendung des rechtlichen Begriffs der Strafe auf gewisse Übel innerhalb unsrer religiösen Weltanschauung nicht richtig". Wenn auch die erziehende Liebe das tiefste Verhältnis Gottes zu den Menschen ist, so macht sich doch da, wo diese Liebe keine aufgeschlossenen Herzen findet, die Erziehung als strafende und vergeltende Gerechtigkeit kund. Nach Gottes Absicht soll diese Strafe ein Mittel zur Umkehr, zur Busse für den Menschen werden. Wir sind zwar nicht befugt, über den einzelnen zu urteilen und festzustellen, welches Maass von Strafe er verdient und sich zugezogen habe. Dennoch sind wir zu dem Urteil berechtigt, dass jede Sünde ihre Strafe schon in sich trägt und die naturgemässe Reaktion der sittlichen Weltordnung Gottes hervorruft. Darum ist Strafe auch da vorhanden, wo noch kein Schuldgefühl lebendig ist. Der methodische Grundsatz Ritschls, alle dogmatischen Sätze aus der vollkommenen Offenbarung Gottes in Christus abzuleiten, verleitet ihn zur Verkennung der vorbereitenden Offenbarung Gottes in der sittlichen Weltordnung mit ihrer gottgesetzten Ordnung von Sünde und Strafe. Die Strafgerechtigkeit Gottes ist durchaus nicht bloss ein Mittel, das Heil der Frommen zu vollenden, sondern sie vergilt nach Recht und Billigkeit. Ihr oberster Zweck ist freilich auch da, den Sünder durch Strafe zur Busse zu führen. Wo dieser Zweck aber nicht erkannt wird, bleibt es einfach bei vergeltender Gerechtigkeit. Anders wie Ritschl hält Kaftan (Dogm. § 36) an der Strafgerechtigkeit Gottes als der in seinem heiligen Wesen begründeten Reaktion gegen das Böse fest. Die Strafgerechtigkeit liege auch da vor, wo kein inneres Schuldgefühl vorhanden ist. Nach Ritschl (S. 345f.) besteht die Strafe allein in dem Schuldbewusstsein, wogegen Kaftan (S. 335) bemerkt, dass die Strafe vielmehr in dem Schuldgefühl zum Bewusstsein kommt.

Im Gegensatz zu der Anschauung, dass jede Sünde eine unendliche Schuld sei und die ewige Verdammnis verdiene, macht Ritschl (S. 348ff.) eine Abstufung in der Schuldbarkeit der Sünde geltend. Er unterscheidet Unwissenheits- und Bosheitssünden und macht einen sehr ausgedehnten Gebrauch von dem Begriff der Unwissenheitssünde. Alle Sünde, welche vergebbar ist, werde von Gott als Unwissenheit beurteilt, auch solche Sünde, die nach menschlichem Massstab als ein sehr befestigter Habitus von Verstockung sich darstelle. Nur die endgiltige bewusste Ablehnung der Gnade, die Sünde wider den heiligen Geist, sei unvergebbar. Wir haben aber kein Recht, zu beurteilen, ob die Menschen unter die eine oder die andre Klasse der Sünder fallen. „Ob es solche Menschen giebt, und welche es sind, unterliegt weder unsrem praktischen Urteil noch unsrer theoretischen Erkenntnis.“ (S. 363.) Ritschl verwahrt sich dagegen, dass die Beurteilung der Sünde als Unwissenheit seine erschöpfende Ansicht von derselben sei (II³ S. 247). Diese Beurteilung bedeute nur einen Massstab für Gott, nicht für die Menschen (III³ S. 358ff.). Diese spekulative Erkenntnis eines göttlichen Urteils, das im Gegensatz zu allem menschlichen Urteil steht, stimmt wenig zu dem empiristischen Ausgangspunkt seiner Theologie. Wenn ferner Gott der Quell aller Wahrheit ist, so müssen auch wir seine Beurteilung der Sünde als Unwissenheit uns als obersten Massstab aneignen können, und die Kautele, dass allein Gott die Sünde so milde beurteilen könne, wird hinfällig. Unberechtigt ist es, den biblischen Begriff der Unwissenheit (Lc. 23, 34, Act 17, 30, Eph. 4, 18, 1 Pt. 1, 14) soweit auszudehnen, dass er alle vergebbare Sünde umfasst. Diese Anwendung des Begriffs ist unberechtigt. Eph. 4, 18 erscheint die Unwissenheit erst als eine Folge der Verstockung, und nach Rm. 1, 19ff., 2, 15 hat auch die vorchristliche Menschheit ein beträchtliches Maass sittlicher Erkenntnis gehabt, so dass ihre Sünde verschuldet ist.

Kapitel 3.

Die Christologie.

Die Person Jesu Christi ist seit Schleiermachers Glaubenslehre von der neueren Theologie allgemein in den Mittelpunkt des dogmatischen Lehrsystems gestellt worden. Ganz besonders will auch die Ritschl'sche Theologie nichts anderes sein, als die wissenschaftliche Analyse der Heilswirkungen Christi auf seine Gemeinde. Sowohl aus wissenschaftlichen wie aus religiösen Gründen ist auf die Menschheit Jesu ein stärkeres Gewicht gelegt worden, als in der überlieferten Lehre. Aus wissenschaftlichen Gründen, denn Jesus bietet sich zunächst als Mensch der geschichtlichen Forschung dar; aus religiösen Gründen, denn sein Erdenleben wird gerade in seinen höchsten und erhabensten Momenten uns verständlich und sympathisch nachfühlbar, wenn wir es als die denkbar höchste Steigerung eines menschlichen sittlich-religiösen Personlebens verstehen. Jesu Innenleben, sein Überwinden der Versuchungen, seine Kindesstellung zu Gott, sein Gebet, seine Menschenliebe, sein Gehorsam gegen Gott im Thun und Leiden, seine Geduld, seine Treue und Aufopferung bis zum Tode, sind alles Züge, die nur von dem Boden der wahren Menschlichkeit Jesu nachempfunden werden können. Damit soll jedoch die Person Jesu nicht ihrer Würde entkleidet und das Göttliche in ihr nicht geläugnet werden. Sondern die vollendete Menschlichkeit ist zugleich die vollkommene Gottebenbildlichkeit. Und soweit sich Gott in einem menschlich geschichtlichen Einzelwesen offenbaren kann, ohne die Schranken desselben zu durchbrechen, insoweit ist auch in der Person des Herrn die Fülle der Gottheit lebendig gewesen. Frühere Jahrhunderte haben gemeint, die göttliche Würde Jesu nur dadurch feststellen zu können, dass er ein aus zwei Naturen, einer göttlichen und einer menschlichen, zusammengesetztes Wesen sei. Die theoretischen Schwierigkeiten, ein einheitliches Menschenwesen zu denken, das aus zwei verschiedenen Naturen besteht, haben zu immer neuen Lösungsversuchen geführt und scheitern doch von vornherein an dem falsch gestellten Problem. Ritschl weist (R. V. III[3] S. 384ff.) auch auf das religiös Unbefriedigende der Zweinaturenlehre hin. Denn ihre notwendige Ergänzung ist, dass der göttliche Logos in der Menschwerdung Jesu sich seiner göttlichen Eigenschaften entäussert. Damit aber wird gerade dem geschichtlichen Leben Jesu die Würde der Gottheit abgesprochen. Ritschl verlangt dagegen, dass gerade das geschichtliche Wirken Jesu der Stoff ist, an dem seine „Gottheit“ nachgewiesen wird. Ritschl hebt mit vollem Recht hervor (R. V. III[3] S. 393): „Die theologische Lösung des Problems der Gottheit Christi wird also an einer Analyse des Wirkens Christi zum Heile der Menschheit in Gestalt seiner Gemeinde zu begründen sein“. Nur ist zu beachten, dass doch die Persönlichkeit nicht in ihrem Wirken aufgeht (Pfleiderer JprTh 1889 S. 169), wenngleich das Thun einer Person das einzige Mittel ist, um auf ihr zu grunde liegendes Wesen zu schliessen (R. V. III³ S. 439ff.). Dieser seiner Hervorhebung des Wirkens Christi entspricht es, dass Ritschl seine eigenen Anschauungen nicht in Anknüpfung oder Umbildung der Lehre von den beiden Naturen entwickelt, sondern er wählt lieber die Lehre von den drei Aemtern Christi, dem königlichen, dem prophetischen, dem hohenpriesterlichen, weil hier das Wesen Christi in der Form des Handelns beschrieben wird. Aber ungerecht ist es, wenn Ritschl urteilt (R. V. III³ S. 370ff.), allein diese Aussagen, in denen Christi heilsmittlerisches Wirken beschrieben wird, seien religiös wertvoll, nur sie seien religiöse Werturteile. Die christologische Formel des chalcedonensischen Konzils gehört in das Gebiet des „uninteressierten, wissenschaftlichen Erkennens". (S. 376.) Hier scheint doch bei Ritschl die Erkenntnis zu fehlen, dass auch in der Zweinaturenlehre und im Chalcedonense ein religiöses Interesse zu grunde lag; und hier, wie in aller Bildung religiöser Dogmen, nahmen die religiösen Werturteile die Form theoretischer Erkenntnisse an. Ebenso ist es ungerechtfertigt, wenn Ritschl (R. V. III³ S. 369ff.; ähnlich Fides impl. S. 59ff.) urteilt, Luther habe an der Zweinaturenlehre eigentlich kein religiöses Interesse gehabt. Die genuin lutherischen Ausführungen seien die, wo Luther in dem menschlichen Dasein, Wirken und Leiden Christi zu unserem Heil seine Gottheit nachweise. Ritschl kann sich nur auf solche Stellen bei Luther berufen, in denen dieser sagt, es genüge nicht, für wahr zu halten, dass Christus eine Person ist, die Gott und Mensch ist. Aber aus einem „nicht allein — sondern auch" kann nicht gefolgert werden, dass das erste ganz gleichgiltig sei. Auch hier finden wir wieder einen geistvollen Versuch Ritschls, Luther zu modernisieren oder mit genialer Kunst die Elemente aus Luther hervorzuheben, die uns Modernen entsprechen, und sie als den eigentlichen echten Luther hinzustellen. In Wahrheit war die Lehre von der communicatio idiomatum für Luther nicht bloss eine theoretische Feststellung (so Ritschl III³ S. 370), sondern er hing mit der vollen religiösen Glut seiner Natur gerade an dieser Form der Christologie, denn nur in dieser schien ihm das religiöse Interesse vollkommen befriedigt werden zu können. Wie wäre sonst sein unnachgiebiges Verhalten in allen christologischen Streitigkeiten erklärlich gewesen, wenn es ihm nur auf „die Wertschätzung Christi als Gott durch den Akt des auf ihn gerichteten Vertrauens" (III³ S. 371) angekommen wäre?

Die Lehre von den drei Ämtern Christi ist nun aber nach Ritschl nur der erste Schritt, um die Bedeutung des Thuns Christi zu begreifen (S. 408). Er setzt an die Stelle des Begriffs Amt den Begriff des Berufs; er reduziert ferner die Dreiheit auf eine Zweiheit, indem er das königliche Amt als ein in dem prophetischen und priesterlichen aufgehendes hinstellt, und unterscheidet so königliches Prophetentum vom königlichen Priestertum. Beide Ämter aber kommen ebenso dem irdisch geschichtlichen wie dem erhöhten Christus zu. Das Königtum Christi wird nun von Ritschl nicht einheitlich definiert, sondern zwei Anschauungen kreuzen sich hier. Einmal ist Christus insofern König, als er eine Gemeinde der Gläubigen gegründet hat und erhält (S. 409). Andrerseits nennt er ihn insofern König, als er die Herrschaft über die Welt im Ritschl'schen Sinne der geistigen Erhabenheit über sie besessen hat (S. 395). Das Königtum im letzteren Sinne lässt eine Übertragung auf seine Gemeinde zu.

Das Prophetentum und Priestertum Christi will Ritschl nicht in der hergebrachten Weise unterscheiden, dass alles Reden zum Prophetentum, alles Handeln zum Priestertum gehöre. Vielmehr bilde der gesamte Umfang seines Redens, Thuns und Leidens den Inhalt sowohl seines Prophetentums wie seines Priestertums. Auch durch sein Thun und Leiden wirkt Christus prophetisch. Christus ist insofern Prophet, als er von Gott aus auf die Menschen wirkt. Priester ist Christus als Mensch, indem er 1. für sich religiöses Subjekt ist, 2. auch andere zu Gott hinführt. Als Prophet ist Christus der Offenbarer Gottes, als Priester ist er religiöser Mensch und sittlich selbständiges Subjekt. Mit vollem Recht hebt Ritschl (S. 417, 447) es als Grundfehler der überlieferten Lehre hervor, dass seine direkten religiösen Funktionen, sein Beten, seine Ergebung in Gottes Willen, keine Beachtung in der Lehre von ihm gefunden haben. Ebenso ist gegenüber der rein dinglichen Auffassung des Lebenswerkes in der überlieferten Lehre festzuhalten, dass Christus das, was er war, in erster Linie für sich gewesen ist. Nun bildet der sittliche Beruf für jeden den Rahmen, innerhalb dessen er das Sittengesetz erfüllt. Der sittliche Beruf Jesu aber war es, die Herrschaft Gottes unter den Menschen, das Reich Gottes zu gründen. Seine Geduld im Leiden ist die Folge dieser Berufstreue.

Aus dieser sittlichen Würdigung folgt unmittelbar seine religiöse

Wertung. Denn Jesu Berufsthätigkeit ist zugleich das Mittel, Gottes Werk an den Menschen zu treiben. Denn der Selbstzweck Christi hat denselben Inhalt wie der Selbstzweck Gottes. Christus ist in seiner Berufsthätigkeit von Gott getragen. So mündet die ethische Beurteilung Jesu in die religiöse aus. Ritschl will nun aber Christus nicht bloss als Offenbarer Gottes, als Gottes Sohn und Ebenbild festhalten, sondern er nähert sich der überlieferten Lehre so weit an, dass er von der Gottheit Christi spricht; und seine ganze Christologie geht darauf hinaus, die Gottheit Christi festzustellen und zu begründen. Es fragt sich, mit welchem Recht Ritschl diesen Begriff gebraucht. Meines Erachtens darf dies Wort nur da angewandt werden, wo wirklich das volle Wesen der Gottheit vorliegt. Zum Wesen Gottes gehören aber nicht bloss die ethischen Eigenschaften der Liebe, Gnade und Treue, sondern vor allem auch die das Wesen der Gottheit im Unterschied von allem Menschlichen bestimmenden metaphysischen Eigenschaften der Allmacht, Ewigkeit, Allgegenwart, Allwissenheit. Diese aber können sich nicht in einem menschlichen Einzelwesen offenbaren. Es ist daher ein unberechtigter, überstiegener Ausdruck, wenn Ritschl von der Gottheit Christi spricht. Er dürfte nur von Göttlichkeit, Gottebenbildlichkeit, Gottessohnschaft Christi reden. Denn er will gerade an dem geschichtlich-menschlichen Jesus die Gottheit nachweisen. Das Wirken des erhöhten Christus ist nur der „Ausdruck der permanenten Wirkung seiner geschichtlichen Erscheinung". (S. 408.) Und in seinem vorirdischen Sein ist uns Christus nicht offenbar, sondern verborgen. Ritschl glaubt Christus darum „Gott" nennen zu dürfen, weil er 1. die Gnade und Treue Gottes in der Durchführung seines Lebensberufes bewiesen hat; 2. weil er eine Machtstellung über die Welt ausgeübt hat. Diese findet Ritschl nicht etwa in seinen Wundern, sondern in der Erhabenheit seines religiösen Selbstgefühls gegenüber der Welt, in der Freiheit von der partikularen Volkssitte, in der Geduld im Leiden (III^3 S. 367, 436); 3. dies Attribut der Gottheit kommt Christus als dem Herrn der Gemeinde zu, als dem, der ewig von Gott geliebt wird, und um dessen willen erst die Gemeinde Gegenstand der Liebe Gottes ist. — Alle diese Punkte führen aber in Wahrheit nicht zu dem Prädikat der Gottheit. Dies wird besonders deutlich durch die Erklärung Ritschls (III^3 S. 368), dass die Gottheit Christi nicht seinen Abstand gegen die Glieder seiner Gemeinde bezeichnen solle, sondern sie solle auf diese übertragen werden. Ritschl denkt hierbei vor allem an den 2. Punkt, die geistige Beherrschung der Welt. Diese Machtstellung über die Welt ist aber, wie auch Kaftan (Dogm. S. 428) hervorhebt, nichts Göttliches, sondern ihrer Art nach etwas Menschliches. Ebensowenig ist es richtig, wenn Ritschl definiert (R. V. III³ S. 383): „Eine Auktorität also, welche alle anderen Massstäbe entweder ausschliesst oder sich unterordnet, welche zugleich alles menschliche Vertrauen auf Gott in erschöpfender Weise regelt, hat den Wert der Gottheit“. Auf dasselbe kommt auch Kaftan heraus, wenn er definiert (Dogm. S. 419): „Dass Jesus Christus Gott ist, heisst, dass wir in ihm die vollkommene Offenbarung Gottes haben“. Aber weder ist der, der eine absolute Autorität hat, damit gleich Gott, noch ist der Offenbarer Gottes als solcher mit dem Prädikat „Gott“ zu bezeichnen. Aus Pietät gegen die Vergangenheit, aus Furcht, die Verneinung der Gottheit Christi wäre ein zu grosser Bruch mit dem geschichtlichen Herkommen und der Gewöhnung der Gemeinde, mag die Aufrechterhaltung des Titels der Gottheit Christi erklärt werden. Aber berechtigt ist sie nicht, wenn der Inhalt der Prädikate der Gottheit vielmehr auf die reine, gottebenbildliche Menschheit führt. Besonders unglücklich ist Ritschls Verteidigung gegen seine Gegner, die ihm vorgeworfen haben, er bestimme schliesslich Christus doch nur als blossen Menschen. Ritschl antwortet darauf (III³ S. 375f.): „Unter einem blossen Menschen (wenn ich diesen Ausdruck je gebrauchte) würde ich einen Menschen als Naturgrösse mit Ausschluss aller Merkmale geistiger und sittlicher Persönlichkeit verstehen“. Hieraus folgt, dass die Gottheit Christi nur in den Merkmalen der geistigen und sittlichen Persönlichkeit begründet sein soll. Diese aber sind doch nichts Göttliches, sondern etwas Menschliches. Die Definition des Begriffs „blosser Mensch“ ist seltsam. Frank sagt dazu mit Recht (Dogm. Studien S. 45): „Es ist freilich recht sonderbar, dass man, um den Menschen als Menschen zu bestimmen, eben dasjenige ausschliessen muss, was ihn zum Menschen macht, geistige und sittliche Persönlichkeit. Ist diese vielleicht ein donum supperadditum? (Vgl. auch R. Seydel, Rel.-Phil. S. 126.)

Im übrigen ist an Ritschls Christologie bemerkenswert: In der Schilderung des inneren Wesens der Person Christi treten die Züge am deutlichsten hervor, die der religiösen Eigenart Ritschls am meisten entsprechen: Berufstreue, Menschenliebe, Machtstellung über die Welt, Geduld im Leiden. Auch Kaftan vermisst (Dogm. S. 406), dass das Verhältnis zu Gott gegenüber den Beziehungen zu den Menschen und zur Welt zu stark zurücktritt. Es zeigt sich, dass auch für die Auffassung der Person Jesu die religiöse Subjektivität des Betrachtenden massgebend ist.

Zieht man den überstiegenen Ausdruck „Gottheit" Christi und das eigenartige Frömmigkeitsideal, das Ritschl in seiner Christologie zum Ausdruck gebracht hat, ab, so überschreitet Ritschl durchaus nicht die Linie der in der „liberalen" Theologie gegebenen Würdigung Jesu. Christus ist als religiös-ethischer Mensch zu beurteilen. Sein Bild kann nur in der Weise wirksam werden wie überhaupt ein in die Geschichte hineingestelltes persönliches Menschheitsideal: Es wirkt, indem es Leben, Kraft, Begeisterung entzündet und die Menschen zur Nachfolge aufruft. Nur vermöge dieser Lebenswirkungen, die von ihm ausgehen, kann uns die Person Christi Autorität oder Offenbarung Gottes werden, indem sie uns überzeugt, dass hier die höchste Gabe Gottes an die Menschheit und zugleich das höchste Ziel gegeben ist, dem wir nachstreben sollen. Ritschl sagt (III³ S. 366): „Diese religiöse Bestimmung der Glieder der Gemeinde Christi ist nun in der Person des Stifters vorgebildet, und in ihr als der fortwirkenden Kraft zu aller Nachbildung begründet". Er stellt fest, „dass wir nur aus der anregenden und Richtung gebenden Kraft dieser Person heraus imstande sind, in deren Stellung zu Gott und zur Welt einzutreten. Damit ist gemeint, dass die Jünger Jesu die Würde der Söhne Gottes einnehmen (Mt 17,26), und in dasselbe Verhältnis zu Gott aufgenommen werden, in welchem Christus zu seinem Vater steht (Joh. 17,21—23)". Durch diese grundlegenden Aussagen stimmt Ritschl vollkommen überein z. B. mit Pfleiderer (Grundriss der christl. Glaubens- und Sittenlehre, 4. Aufl. 1888 S. 149): „In der Überzeugung der Christenheit, dass Jesus Christus der Weltheiland ist, liegt die doppelte Aussage: 1. dass er der geschichtliche Quellpunkt der höchsten, allen Menschen volles Heil bringenden Religion ist, und 2. dass er das bleibende Vorbild des religiös-sittlichen Heilslebens seiner Gemeinde ist." Ebenso im wesentlichen auch Biedermann (Dogm. II² § 816), H. Lang (Dogm. 1859 § 30f.).

Ritschl sucht sich ferner der überlieferten Versöhnungstheorie zu nähern, indem er die Ausdrücke der Anrechnung der Gerechtigkeit Christi und Stellvertretung aufnimmt. Es fragt sich jedoch, ob diese Begriffe in der Anwendung, die Ritschl von ihnen macht, haltbar sind. J. Weiss (Nachfolge Jesu S. 121ff.) und Gottschick (Propter Christum, ZThK 1897 S. 352ff.) haben nun behauptet, dass gerade diese Ausführungen Ritschls besonders wertvoll seien. Ihnen sei bisher nicht die genügende Beachtung geschenkt worden. Eine eingehende Prüfung derselben ist daher notwendig. Bemerkenswert ist hier der Unterschied der 1. Aufl. von den beiden folgenden. III[1] S. 59, 482 spricht Ritschl davon, dass Gott den Gliedern der Gemeinde Christi ihre Gemeinschaft mit Christus als die Bedingung anrechnet, unter der er sie zur Gemeinschaft mit sich zulässt. Die folgenden beiden Auflagen polemisieren gegen diesen Ausdruck der Anrechnung unsrer Zugehörigkeit zu Christus und setzen an die Stelle den Ausdruck, dass Christi Stellung zu Gottes Liebe uns zugerechnet werde (III[3] S. 69, 516). Das Werk Christi hat somit seine Richtung nicht nur von Gott auf die Menschen, sondern auch von den Menschen auf Gott hin. Christus ist nicht bloss Offenbarer Gottes an die Menschen, sondern auch Vertreter der Menschen vor Gott (III[3] S. 68f., 267, 441, 514ff.). Ritschl knüpft an die orthodoxe Formel der Anrechnung der Gerechtigkeit Christi an. Gegen diese macht er geltend 1. dass die Gerechtigkeit dort formal als Gesetzeserfüllung gefasst und nach dem obersten Massstab der Vergeltung gewertet werde; 2. dass sittliches Handeln unauflöslich an die Person des sittlichen Subjekts gebunden ist und daher nicht von einem auf andere übertragen werden kann. Vielmehr müsse diese Gesetzeserfüllung inhaltlich an dem Berufswirken Christi klar gemacht werden. Hierdurch komme zum Ausdruck 1. dass Christi Berufswirken für ihn selbst Wert gehabt hat. Es war das Mittel, ihn in der Liebe Gottes zu erhalten. 2. Hierdurch wird deutlich, wie seine Lebensleistung, ohne von ihm abgelöst oder äusserlich übertragen zu werden, für seine Jüngergemeinde Bedeutung gewonnen hat. Er hat diese in dieselbe Stellung zu Gott eingeführt, die er selbst inne gehabt hat. Hier setzt Ritschl mit seinem Begriff der Anrechnung der Gerechtigkeit Christi ein. Übertragung der Liebe von einem zum andern „kann nur durch einen Vorsatz erfolgen, in welchem ein Urteil eingeschlossen ist; dieses aber fällt so aus, dass der Wert, welchen einer als Gegenstand der Liebe hat, denen angerechnet wird, welche für sich dieses Wertes entbehren, aber zu dem gehören, welcher der primäre Gegenstand der

Liebe ist. Die Stellung Christi zu Gott wird seinen Jüngern angerechnet, indem Gott um Christi willen auch sie in seine effektive Liebe aufnimmt". (III[3] S. 69.) Diese Konstruktion ist aber umständlich und unnötig. Man braucht nicht erst den Umweg über den Begriff der Anrechnung zu machen, um zu zeigen, wie die Jüngergemeinde in die Liebe Gottes aufgenommen wird. Denn indem Christus als Gottes Offenbarer sein Werk an den Menschen treibt und eine Gemeinde sammelt, sind die, welche zu ihm wie Glieder zu ihrem Haupt sich verhalten, damit zugleich in die Gemeinschaft mit Gott aufgenommen. Eine Ergänzung der Gedankenreihe durch den Begriff der Anrechnung ist unnötig, wenn man die beiden Gedankenreihen hat: 1. Christi Wirken ist ein Wirken Gottes auf uns. 2. Er gewinnt durch sein Wirken Menschen. Hier ist keine Lücke offen, die erst durch den Begriff der Anrechnung geschlossen werden müsste. An die Stelle des Begriffs „Anrechnung der Liebe oder Gerechtigkeit Christi" tritt der einfachere des Wirkens Gottes durch Christus. Das „propter Christum" verwandelt sich in ein „per Christum". Als Kern des Angerechnetwerdens springt auch bei Ritschl das Vermitteltsein durch Christus heraus. So z. B. III[3] S. 267: „Die Gemeinde Christi ist also auch nur infolge dessen Beziehungspunkt der Liebe Gottes, weil die Liebe, in welcher Gott seinen Sohn umfasst, ... durch ihn auch wirksam wird für diejenigen, die zu Christus als seine Jünger gehören". Ebenso Unterricht § 22. III[3] S. 441 springt Ritschl unvermittelt von dem einen Begriff zum andern über, als ob beides dasselbe wäre. „Von dem Sohne Gottes hervorgerufen" wird im folgenden Satz ersetzt durch „um seinetwillen".

Ebenso fällt auch der Begriff der Stellvertretung hin. Ritschl sagt (III[3] S. 446; ebenso S. 515): „Die Stellvertretung durch Priester und Opfer hat überhaupt keinen exklusiven sondern inklusiven Sinn". Aber von Stellvertretung kann man nur reden, wenn der, welcher vertreten wird, nicht dasselbe zu leisten braucht. Wo dagegen die, welchen das Wirken Christi zugute kommt, auf seiner Bahn ihm nachfolgen sollen, kann man nur von einem Vorläufer oder Bahnbrecher reden. Jede Stellvertretung ist exklusiv gemeint, inklusive Stellvertretung ist ein Widerspruch in sich. Nur aus der Anpassung an überlieferte Worte und Begriffe erklärt sich das Festhalten an dem Begriff der Stellvertretung, wo nicht von Vertretung, sondern von Bahnbrechen geredet werden sollte.

Dasselbe, was gegen diesen Annäherungsversuch Ritschls an die Stellvertretungslehre gesagt ist, lässt sich auch gegen die ähnlichen Versuche von J. Weiss (a. a. O.), Gottschick (a. a. O.) und Häring (Zur Versöhnungslehre 1893) sagen. Weiss erläutert den Gedanken der Anrechnung der Gerechtigkeit Christi dadurch, dass ein Mensch um eines Freundes willen einen noch unerprobten Menschen zum Verkehr mit sich zulässt. So nehme Gott um Christi willen die an, die Christi Freunde geworden sind. Gottschick (S. 364) wendet hiergegen ein, dass wir nicht auf dem Fusse der Gleichheit mit Gott und Christus stehen. Die Uebertragung finde auch da statt, wo der, auf den die Liebe übertragen werden soll, Gegenstand sittlicher Erziehung ist. Aber auch hier ergiebt sich bei genauerem Zusehen, dass der Kern der Anrechnung ein Wirken Gottes durch Christus ist. Denn wir werden doch nicht zuerst Christi Freunde oder Gegenstand der Erziehung Christi, und dann erst werden wir um seinetwillen zum Verkehr mit Gott zugelassen, sondern wer unter der Einwirkung Christi steht, steht damit auch von selbst schon unter Gottes erziehender Gnade.

Auch der Versuch Härings, dem Begriff der Vertretung neben dem Gedanken der Offenbarung und in Unterordnung unter ihn eine grössere Bedeutung zu sichern, führt nicht über diese Linie hinaus. Nach ihm (S. 60ff.) ist Christus darum unser Vertreter vor Gott, weil sein Wirken für uns bei Gott Wert hat. Dies wertvolle Handeln liegt darin, dass er durch seine Lebensleistung, besonders durch seinen Kreuzestod uns zum Heilsglauben und zum Schuldgefühl führt. Auch hier ist also das Handeln Christi, das von Gott uns angerechnet werden soll, ein Wirken auf die Menschen. Wenn aber die Wirksamkeit Christi den Erfolg gehabt hat, in den Menschen Reue und Glauben zu wirken, so brauchen wir nicht den eingeschobenen Gedanken: Um dieses Thuns Christi willen ist Gott uns gnädig, sondern sein Wirken ist das Mittel, wodurch wir zur Busse und zum Glauben geführt werden. Häring erklärt (S. 62), dass, bevor Gottes ewige Liebe wirksam werden kann, erst Bedingungen erfüllt werden müssen, die ihr Eintreten ermöglichen. Diese Bedingung aber ist das Lebenswerk Christi mit seinem vollkommenen Gehorsam (S. 69). Nun kann jedoch auch nach dieser Lebensleistung Christi die Liebe Gottes nur von denen erfahren werden, die in Busse und Glauben ein aufgeschlossenes Herz für sie haben. Daraus folgt, dass die Bedingungen für das

Wirksamwerden der Gnade Gottes vielmehr subjektive Zustände im Menschen sind, die freilich durch das Wirken Christi hervorgerufen werden. Nach Gottschick (S. 378) hat der Gedanke der Stellvertretung ferner seinen besonderen Wert für solche, die von intensiven Zweifeln an Gottes Huld gequält werden. Ebenso sagt Häring (S. 71), es liege in ihm ausgedrückt, dass wir von unsern eigenen Zuständen absehen dürfen und durch den Anblick des vollkommenen Gehorsams Christi Mut und Zuversicht gewinnen lernen, dass Gott uns um seinetwillen gnädig sei. So richtig aber der Rat ist, gegenüber der Heilsunsicherheit zum gläubigen Anschauen der Person Jesu zu ermahnen, ist dieser Gedanke doch nicht tragkräftig genug, um darauf den Begriff der Stellvertretung Christi zu begründen. Wir kommen auch hierdurch nur zu einem Wirken Christi auf uns.

Kapitel 4.

Die Rechtfertigungslehre.

Die protestantische Grundlehre von der Rechtfertigung allein durch den Glauben steht im Neuen Testament nicht im Mittelpunkt. Christus hat das Heil der Menschen mit andern Ausdrücken beschrieben. Bei Johannes und Jacobus findet sich der Begriff nicht. Und bei Paulus stehen, ausser im Gal.- und Röm.-Brief andere Begriffe im Vordergrund. Auch im Röm.-Brief wird die Rechtfertigungslehre durchzogen von anderen Theorien, von der mystisch-ethischen Anschauung eines Hineinverpflanztwerdens in das Leben und Sterben Christi, von der Verleihung des Geistes, der die fleischlichen Lüste tötet und uns zu Gottes Kindern macht. Nun giebt es viel religiöses Leben, das sich vorwiegend an anderen Anschauungen nährt als an der Rechtfertigung, so z. B. die Mystik. Nun kommt es im religiösen Leben nicht auf den Schematismus der Begriffe an, sondern auf das Leben mit Gott, welches diese Begriffe ausdrücken sollen. Es wäre darum äusserlich, wollte man in ein einheitliches Begriffsschema die Mannigfaltigkeit religiösen Lebens einzwängen. Die Rechtfertigungslehre hat ihre geschichtliche

Bedeutung dadurch, dass sie alle Werkgerechtigkeit konsequent ausschliesst. Ihre bleibend wertvollen Momente sind: 1. Es giebt vor Gott kein Verdienst. 2. Alles religiöse wie sittliche Leben ruht auf Gottes Gnade. 3. Die Gewissheit des Heils gründet sich allein auf Gottes Gnade. Wo dies festgehalten wird, ist es gleichgiltig, ob das Wort „Rechtfertigung aus dem Glauben" oder andere religiöse Begriffe bevorzugt werden. An dem Begriff der Rechtfertigung haben neuere den Anstoss genommen, dass er die Gnadenlehre unter juridischen Kategorieen darlegt. Insbesondere verfällt der Hintergrund der Rechtfertigungslehre, die Satisfaktionstheorie der Kritik. Ferner fragt es sich, ob die in der Rechtfertigungslehre gegebene Überordnung des religiösen Faktors, des Glaubens, über die ethische Erneuerung sich gegenüber den Bedenken einer psychologischen Betrachtung halten kann. Ist die subjektive Bedingung der Rechtfertigung, der Glaube, möglich, ohne dass in ihm zugleich eine ethische Hinwendung zum Guten liegt? Ja muss nicht dieser neue Keim sittlichen Lebens mit unter die subjektiven Bedingungen der Rechtfertigung gerechnet werden?

Ritschls Dogmatik hat ihre Eigenart darin, dass er den Begriff der Rechtfertigung aus dem Glauben in den Mittelpunkt stellt. Er will die Rechtfertigungslehre der Reformatoren in ihrer wahren Gestalt erneuern. Er weist demgegenüber alle in anderen Begriffen sich äussernde Frömmigkeit, vor allem die Mystik ab. Er stellt aber die Rechtfertigung in einen bestimmten, eigenartigen Zusammenhang. 1. Der juridische Hintergrund der Rechtfertigung wird bis auf einen verschwindenden Rest abgestossen. Die Versöhnung wird allein aus der Liebe Gottes abgeleitet. 2. Sie bezeichnet nicht ein einmaliges Faktum am Abschluss der Bekehrung des Sünders, sondern sie ist der bleibende Regulator des christlichen Lebens gegenüber Anwandlungen von Selbstgerechtigkeit, wie von Verzweiflung. 3. Sie ist prinzipiell unabhängig von der sittlichen Erneuerung; sie steht daher in keiner Zweckbeziehung zur Heiligung. 4. Sie ist in erster Linie auf die Gemeinde zu beziehen und bezeichnet so den Heilsbesitz der Kirche, von dem der einzelne abhängig ist. 5. Sie steht in ausschliessendem Gegensatz zu aller Mystik. 6. Ihr eigentlicher Zweck ist, die religiösen Funktionen des Christentums, Gottvertrauen, Geduld, Freiheit über die Welt und Überwindung der Welt hervorzurufen und somit das religiöse Selbstgefühl des Christen zu begründen.

Im Gegensatz zu der Anselm'schen Versöhnungstheorie geht Ritschl von dem Abälard'schen Lehrtypus aus. Jene suchte die Versöhnung aus einem Konflikt zwischen Gerechtigkeit und Liebe herzuleiten. Nach Ritschl ist dagegen der oberste Begriff die Liebe Gottes, die auf die Herstellung seines Reiches gerichtet ist (III § 34). Die orthodoxe Theologie dagegen ordnet die Gerechtigkeit Gottes seiner Liebe über. Sie geht daher nicht von dem vollen christlichen Gottesbegriff aus. Die Liebe erscheint nur als Ausnahme von der Regel strenger Vergeltung. Ein äusseres Rechtsverhältnis zwischen Gott und den Menschen, der Bund der Werke, erscheint hier als das ursprünglich gottgewollte Ziel. So soll auch an den Leistungen des Versöhners die Geltung der gesetzlichen Weltordnung bewährt werden. In den juridischen Begriffen der Genugthuung, des Verdienstes wird hier die Leistung Christi beschrieben (III § 32f.).

So richtig diese Ausführungen sind, ist doch zu bemerken: Ritschl übersieht, dass auch in der Lehre des Paulus ein juridischer Hintergrund der Versöhnung vorhanden ist. Die altprotestantischen Dogmatiker stimmen daher in mancher Hinsicht mehr mit Paulus überein als Ritschl. (Vgl. oben S. 35.) Ferner ist den Begriffen der Gerechtigkeit, Heiligkeit, des Zornes Gottes in Unterordnung unter den Begriff der Liebe eine grössere Bedeutung zuzuschreiben, als dies bei Ritschl geschieht. (Vgl. oben S. 101ff.)

Ritschl ist davon überzeugt, dass er sich ein Verdienst um das lutherische Kirchentum erworben habe, indem er den reformatorischen Gedanken der Rechtfertigung mit seinen Konsequenzen im Gegensatz zu allen andersartigen Auffassungen des Christentums klar in den Mittelpunkt gestellt habe. Gegenüber der Mystik, dem Pietismus, gegenüber den Auffassungen, die das Christentum vor allem als eine sittliche Wiedergeburt darstellen, will er das echte Luthertum, wie er es verstand, wiederherstellen. Daher sagt Harnack (ChrW 1897 Sp. 872): „Ritschl wollte eine neue, von Katholizismus und Pietismus gereinigte, stramme protestantische Orthodoxie“. Daher sucht er zuerst den genuinen Begriff der Rechtfertigung im lutherischen Sinne gegenüber allen späteren und gleichzeitigen Trübungen festzustellen. Die Rechtfertigung ist für die Reformatoren nicht eine Lehre neben anderen, sondern sie bringen ihre ganze Auffassung vom Wesen des Heils in diesem Begriff zum Ausdruck. Die Rechtfertigung ist nicht „ein Phänomen, welches am Abschlusse der Bekehrung des Sünders eintreten soll" (I³ S. 154), sondern sie ist der das ganze Leben des Christen hindurch bleibende religiöse „Regulator des christlichen Lebens gegen Verzweiflung am Heile wie gegen Anwandlungen von Selbstgerechtigkeit". (I³ S. 211; vgl. S. 164.) Denn es handelt sich nicht um die Frage: Unter welchen Bedingungen vollzieht sich in dem Sünder die Umwandlung zu einem Gerechten? sondern um die andere Frage: Worauf gründet sich für den wiedergeborenen, in der Kirche stehenden Christen die Gewissheit seines Heils gegenüber allen Schwankungen seines Glaubenslebens? Hierauf giebt die reformatorische Rechtfertigungslehre die Antwort: Der Wiedergeborene erlangt nicht durch das neue Leben, das in ihm ist, die Heilsgewissheit, sondern durch die Gnade Gottes, die in dem meritum Christi wirksam wird und hier gläubig ergriffen werden muss. Zwar „objektiv ist in dem Leben des Gläubigen dieser Glaube nie ohne das Streben nach den guten Werken und ohne ein Mass der Fähigkeit zu denselben; allein in dem subjektiven Bewusstseinsakt, in dem man durch den Glauben die Heilsgewissheit in Christus sucht und gewinnt, abstrahiert man von dem Werte der Werke, in welcher Vollkommenheit oder Unvollkommenheit man sich ihrer auch bewusst sein mag". (I³ S. 165; vgl. S. 107, 153f., III³ S. 82, 458.) In der evangelischen Rechtfertigungslehre steht daher die religiöse Frage im Vordergrund: Wie bekomme ich einen gnädigen Gott? Die katholische Rechtfertigungslehre ist dagegen vorwiegend sittlich orientiert. Sie sucht darzustellen, wie aus einem Sünder ein aktiv Gerechter wird (I³ S. 142f.; III³ S. 34ff., 78).

So sehr diese Ausführungen das Wesentliche der reformatorischen Rechtfertigungslehre treffen, so ist doch geltend zu machen: 1. Es ist nicht schon eine Veränderung des ursprünglichen, reformatorischen Lehrbegriffs, wenn die Rechtfertigung als der zeitliche Anfang des neuen Lebens dargestellt wird, wie Ritschl I³ S. 187 behauptet. Mit Recht sagt dagegen Eichhorn (StKr 1887 S. 483): „Die ganze Lehre von der Rechtfertigung lässt sich an dem schon gerechtfertigten Christen ebenso darstellen, wie an dem natürlichen Menschen, der die Rechtfertigung erst erlangt". Denn es handelt sich um einen Kreislauf geistiger Vorgänge, der sich stets wiederholt. Es ist also nicht eine Rücksicht auf die katholische Lehre, welche die Reformatoren zu einer verhängnisvollen Anschmiegung an den katholischen Sprachgebrauch gebracht habe. Die Rechtfertigung kann ebenso gut als conversio impii wie als justificatio justi beschrieben werden.

2. Wenn auch das religiöse Heilsverlangen in der Rechtfertigungslehre im Mittelpunkt steht, so denken doch die Reformatoren die sittliche Umwandlung in der Rechtfertigung mit eingeschlossen. Ritschl dagegen trennt die ethische Seite des Christentums zu stark von der religiösen, er konstruiert einen künstlichen Gegensatz religiöser Funktionen des Christentums und ethischer. Er lässt die Rechtfertigung allein auf die religiösen Funktionen des Gottvertrauens und der Weltüberwindung gerichtet sein. Er behauptet mit Unrecht (I³ S. 187), dass die Rücksicht auf den katholischen Lehrbegriff die Reformatoren dazu getrieben habe, die Beziehung der Rechtfertigung auf die guten Werke obenan zu stellen. Die Reformatoren scheiden nicht so wie Ritschl zwischen den religiösen Funktionen und der sittlichen Bethätigung, zwischen Erfüllung der ersten und der zweiten Tafel des Gesetzes. (Vgl. oben S. 93.)

3. Ritschl fühlt sich in schroffem Gegensatz zu allen Theologen, welche eine engere Verbindung der religiösen und sittlichen Erneuerung annehmen (III³ S. 546—557). Das Achten auf den in und mit der religiösen Rechtfertigung gegebenen sittlichen Wandlungsprozess hat viele neuere, meist liberale Theologen zu einer stärkeren Betonung des Christentums als einer sittlichen Neugeburt veranlasst. Die neue Stellung zu Gott ist dabei oft als Folge der sittlichen Wandlung hingestellt worden. Hierbei ist doch stets festgehalten worden, dass auch die sittliche Wiedergeburt in erster Linie Gottes That, erst in abgeleiteter Weise eine That des Menschen ist. Diese Auffasssungen des Christentums werden von Ritschl sehr ungünstig beurteilt. Die sittliche Umwandlung erscheine hier als die eigentliche Bestimmung der Religion (III³ S. 549). Doch wenn man eine innigere Durchdringung von Religion und Sittlichkeit annimmt, als sie bei Ritschl vorliegt, wird man auch diesen Anschauungen ihr Recht nicht verweigern dürfen. An den biblischen Gedanken der Wiedergeburt, der mystischen Gemeinschaft mit Christi Leben und Sterben, der Verleihung des Geistes, der die Macht der Sünde bricht, haben diese Gedanken ihre biblische Begründung. Das altprotestantische Lehrsystem liess diese sittliche Wiedergeburt streng auf die Rechtfertigung folgen; es ist aber die Frage, ob eine zeitliche oder auch nur logische Voranstellung der Rechtfertigung aufrecht erhalten werden

kann. Kaftan stellt daher beides, Erlösung oder Wiedergeburt und Rechtfertigung oder Versöhnung neben einander (Dogm. § 55f.). Es fragt sich jedoch, ob man nicht berechtigt ist, das hier neben einander Stehende zu einer Einheit zusammenzuziehen und den religiös-sittlichen Wandlungsprozess als einen einheitlichen darzulegen.

Nach Ritschl ist ferner die Rechtfertigung in erster Linie auf die Gemeinde als Ganzes bezogen, auf den einzelnen nur, insofern er Glied der Gemeinde ist. Exegetisch sucht Ritschl dies daraus zu beweisen, dass die Analogie der Opfer, nach denen der Tod Christi gedeutet wird, auf eine Gemeinde hinweist, für welche das Opfer wirksam wird (II³ S. 159ff., 217ff.). Vgl. gegen diesen exegetischen Beweisversuch Weiffenbach, Gemeinderechtfertigung oder Individualrechtfertigung. Denkschrift des Predigerseminars zu Friedberg 1887; Pfleiderer JprTh 1890 S. 78ff. Ritschl unterscheidet nicht zwischen der geschichtlichen und der religiösen Bedeutung der Gemeinde. Sie hat wohl die geschichtliche Bedeutung, den einzelnen zu Christus zu führen durch Belehrung und christliche Vorbilder. Aber sie hat den einzelnen von sich weg direkt zu Gott und Christus zu weisen, denn in den tiefsten religiösen Akten schwinden alle geschichtlichen Vermittelungen, und die einzelne Seele hat es nur mit Gott zu thun. Die Rechtfertigungslehre hat nicht die Bedeutung, nachzuweisen, dass die Kirche Trägerin der göttlichen Gnadenschätze ist, sondern die Frage der individuellen Heilsgewissheit ist der Mittelpunkt in ihr. Daher ist in der Rechtfertigungslehre die Gemeinde nicht begrifflich dem einzelnen überzuordnen. Und der Vorwurf, den Ritschl schon gegen Melanchthons loci theologici in ihrer Urgestalt erhebt, dass hier die Überordnung der Gemeinde in der Rechtfertigungslehre nicht klar gemacht sei (III³ S. 29, 107ff.), ist ungerecht.

Sein eigentümliches Frömmigkeitsideal hat Ritschl in dem Gedanken zum Ausdruck gebracht, dass die Rechtfertigung nicht irgendwie auf die sittliche Erneuerung oder Heiligung zu beziehen sei, sondern auf den Vorsehungsglauben, die christliche Freiheit, die Weltüberwindung. Dieser Lieblingsgedanke durchzieht alle seine Schriften. (R. V. I³ S. 181ff., 347ff., II³ S. 343ff., III³ §§ 25, 26, 52, 54, 62—68. Die christliche Vollkommenheit, Drei akademische Reden S. 10—14, Geschichte des Pietismus I S. 41, 86. II S. 6f., 72, 159, Unterricht §§ 50—55.) Diese Kombination ist ihm die Probe des echten, evangelischen Christentums. Ritschl bezeichnet es als den Grundmangel der lutherischen Lehrbildung, dass diese Kombination verloren gegangen ist. Er misst auch die neuere Dogmatik daran, ob sie das christliche Ziel der Herrschaft über die Welt als Resultat der Rechtfertigung klar macht. Mit schönen Worten hat Ritschl diese Gedanken dargelegt. Man merkt es ihm an, dass es nicht blosse Worte sind, sondern dass hinter ihnen ein Leben steht, das versucht hat, diese Gedanken von dem Glauben an Gottes väterliche Vorsehung, von der Geduld im Leiden, von der Weltüberwindung und vom Dankgebet in die That umzusetzen. Zusammenfassend heisst es III[3] S. 616: „Der Glaube an die väterliche Vorsehung Gottes, welcher durch die Demut die Fühlung mit Gott, durch die Geduld die richtige Fühlung mit der Welt behält, und welcher durch das Gebet sich kundgiebt und befestigt, ist im allgemeinen der Inhalt des aus der Versöhnung mit Gott durch Christus entspringenden religiösen Lebens“. Diese Funktionen begründen das religiöse Selbstgefühl des Menschen, in welchem er sich als eine über die Natur erhabene Weltgrösse fühlt und die Herrschaft über die Welt erlebt. So stimmt schliesslich der praktische Ertrag des Christentums überein mit dem, was Ritschl als den Zweck aller Religion bezeichnet hatte, den Widerspruch in der Weltstellung zu lösen, indem der Mensch in ihr die Selbständigkeit der Welt gegenüber mit Gottes Hilfe zu erreichen sucht. (Vgl. oben S. 68.)

Zwei Begriffe werden in diesem Zusammenhang von Ritschl in eigentümlicher Weise verwendet, der Begriff der christlichen Vollkommenheit und der Begriff des ewigen Lebens. Der Begriff der christlichen Vollkommenheit wird von Ritschl nach Conf. Aug. XXVII, 49 bestimmt. Sie ist nach Ritschl für den Menschen erreichbar. Denn der Christ könne zwar keine absolute Fehlerlosigkeit erreichen, wohl aber könne er ein geistiges Ganze in seiner Art werden, indem er 1. im Glauben an Gottes väterliche Vorsehung steht, indem er 2. ein treuer Arbeiter in seinem Berufe ist. Hierdurch werde die stetige Stimmung der Freude im Menschen hervorgerufen, ferner das Selbstgefühl, eine über die Natur erhabene Grösse zu sein. (Vgl. den Vortrag über die christliche Vollkommenheit und R. V. III[3] S. 610ff.) Insbesondere hebt Ritschl hervor, wie bei Paulus ein Bewusstsein sittlicher Treue im Beruf vorhanden gewesen sei (II[3] S. 365ff.). Hierdurch unterscheide er sich auch von den Reformatoren, für welche die stetige Vergegenwärtigung der Unvollkommenheit der sittlichen Leistung den Hintergrund der Rechtfertigungslehre bilde. Paulus dagegen behalte für die im Glauben Gerechtfertigten das Bewusstsein der Vollkommenheit ihrer Lebensleistung vor (II³ S. 24f.). Noch stärker hat diesen Gedanken ausgeführt P. Wernle, Der Christ und die Sünde bei Paulus 1897, S. 6ff.

Nach Ritschl ist ferner die Zweckbeziehung der Rechtfertigung auf das ewige Leben ein Grundgedanke der Reformation (III³ S. 465ff.). Die Augsburgische Konfession und die Schmalkaldischen Artikel werden darum getadelt, dass sie diese Verbindung vermissen lassen (S. 466). Nun deutet aber Ritschl in den Begriff des ewigen Lebens wieder die Herrschaft über die Welt hinein. Es sei in diesem Begriff ausgesprochen, „dass man in der wirklichen Gemeinschaft mit dem wahren geistigen Gott sich als ein Ganzes über der Welt erlebt, indem man den geistigen Wert seiner Individualität an der Herrschaft über alle möglichen Hemmungen aus der geteilten und natürlichen Welt erprobt“. (S. 474.)

So viel Schönes und Treffendes diese Ausführungen Ritschls auch enthalten, so ist doch geltend zu machen: 1. Es ist ungerecht, wenn diese Kombination der Rechtfertigung mit dem Vorsehungsglauben oder der geistigen Freiheit in der Weltherrschaft zur alleinigen Probe echten evangelischen Christentums gemacht und jede Zusammenfassung desselben mit der sittlichen Erneuerung zurückgewiesen wird.

2. Die Weltstellung des Christen tritt zu sehr in den Vordergrund, wenn das erhabene Selbstgefühl des Christen als der letzte Zweck aller Religion erscheint (III³ S. 471ff.).

3. Daher ist die Polemik gegen die Mystik, in der die Welt im religiösen Verhältnis ganz zurücktritt, oft ungerecht.

4. Der reformatorische Rechtfertigungsbegriff wird aber stark verschoben, wenn die Folgen der Rechtfertigung dermassen in den Mittelpunkt treten, dass sie schliesslich das eigentliche Wesen der Rechtfertigung ausmachen. Das was den innersten Kern des reformatorischen Rechtfertigungsbegriffs bildet, der Gnadentrost des um seine Sünde bekümmerten Menschen, tritt stark zurück gegenüber der Erprobung der Rechtfertigung in Gottvertrauen und Weltüberwindung. Ja diese Folgen der Rechtfertigung treten so sehr

in den Mittelpunkt, dass sie als das eigentlich Gewissheit Begründende erscheinen. „Dass einer gerechtfertigt ist, erfährt er nicht sowohl in einem kontemplativen Akte, welcher die Rechtfertigung oder die Verzeihung Gottes isoliert vergegenwärtigte, sondern in einem Vertrauen auf Gott, in welches auch die Weltstellung des Gläubigen einzurechnen ist.“ (R. V. III³ S. 166. vgl. S. 616.) Nach den Reformatoren haben nun aber die Folgen der Rechtfertigung, Gottvertrauen und Weltüberwindung nicht die Bedeutung, den Menschen seines Heils zu vergewissern. Diese Bedeutung hat vielmehr das Verheissungswort der Sündenvergebung, das der um seine Sünde bekümmerte Mensch in gläubigem Vertrauen aufnimmt. Daher werden die Reformatoren von Ritschl getadelt, dass sie ihre leitenden Ideen nicht deutlich gemacht hätten. „Es ist geradezu auffallend, dass in dem vierten Artikel der Augsb. Konf. kein praktischer Zweck der Rechtfertigung aus dem Glauben angegeben wird“. (Geschichte des Pietismus I S. 86.) „Zu bedauern ist jedoch, dass die Theologen der Reformation den nachgewiesenen Zusammenhang zwischen der christlichen Vollkommenheit und der Idee der Versöhnung nicht in deutlichem Lichte zu erhalten vermocht haben. In dem 4. Artikel der Augsburgischen Konfession ist die Formel von der Rechtfertigung aus dem Glauben nicht von der Abzweckung auf die Funktionen der christlichen Vollkommenheit begleitet; beiläufig wird diese Beziehung im 20. Art. angedeutet, und erst auf Anlass des Missbrauches im 27. Art. ausgeführt. Abgesehen von der Apologie der Augsb. Konf. erhalten die Glaubensbekenntnisse der Reformation hiervon nichts“. (R. V. III³ S. 620; vgl. I³ S. 183, 348.) Infolgedessen stellt Ritschl, wie schon oben S. 9 erwähnt, den Auslegungskanon auf: „Die reformatorischen Ideen sind in den theologischen Büchern Luthers und Melanchthons selbst mehr verdeckt als offenbar“. (Drei akademische Reden S. 18.) Die leitenden Grundsätze der Reformation findet Ritschl also nicht in den Artikeln 4 und 12 der Augsburgischen Konfession (de justificatione und de poenitentia), in denen man sie bisher gesucht hat, sondern in gelegentlichen Ausführungen der Artikel 20 und 27 (de bonis operibus und de votis monachorum). Sie sind in den Sätzen enthalten: „Jam qui scit se per Christum habere propitium Patrem, is vere novit Deum, scit se ei curae esse, invocat eum, denique non est sine Deo, sicut gentes. (XX, 24.) Perfectio christiana est serio timere Deum, et rursus concipere magnam fidem et confidere propter Christum, quod habeamus Deum placatum, petere a Deo et certo exspectare auxilium in omnibus rebus gerendis juxta vocationem; interim foris diligenter facere bona opera et servire vocationi.“ (XXVII, 49f. Vgl. Ritschl, R. V. I³ S. 184, III³ S. 161f., 611, 620. Die christl. Vollk. S. 14.) Hiermit aber tritt das, was als Folge des rechtfertigenden Glaubens in denselben eingeschlossen gedacht wird, ungebührlich in den Vordergrund. Auch Kähler bemerkt ThLZ 1878 Sp. 296, dass der Begriff der Vollkommenheit ein untergeordneter für die Reformatoren gewesen ist. Die wahren Grundgedanken der Reformation wird man wohl auch fernerhin in den Artikeln 4 und 12 der Augustana finden: Docent, quod homines . . . gratis justificentur propter Christum per fidem, quum credunt se in gratiam recipi et peccata remitti propter Christum. Dies wird dann genauer ausgeführt Art. 12, wo als die beiden zusammengehörenden Seiten der poenitentia genannt werden: Altera est contritio seu terrores incussi conscientiae agnito peccato; altera est fides, quae concipitur ex evangelio seu absolutione, et credit propter Christum remitti peccata, et consolatur conscientiam et ex terroribus liberat. Deinde sequi debent bona opera. Hier wird die Antwort auf die Kernfrage der Reformation gegeben, wie der um seine Sünde bekümmerte Mensch des Trostes des Evangeliums gewiss werden kann. Das diligere Deum, vere timere Deum, vere statuere, quod Deus exaudiat, obedire Deo in omnibus afflictionibus (Apol. II, 8, 34, 45) ist die Folge hiervon und wird in der Apologie als solche ausgeführt und mit der sittlichen Erneuerung zusammengefasst (II, 45, III, 4).

Den schärfsten Gegensatz gegen Ritschls religiöse Stimmung bildet die Mystik, da in ihr die Stellung des Gläubigen innerhalb der Gemeinde und die neue Weltstellung ganz zurücktritt gegenüber der Seligkeit der im innersten Gemüt empfundenen Gottesgemeinschaft. Daher zieht sich die Polemik gegen die Mystik durch alle seine Werke hindurch. (Th. M.² S. 24ff., 40ff., R. V. I³ S. 116ff., 347ff., 372ff., III³ S. 95, 134, 155, 166, 172, 368, 467ff., 551, 562f. Zusammenfassend Gesch. d. Piet. II § 27.) Er macht gegen die Mystik geltend: 1. Sie habe ihren geschichtlichen Ursprung in dem neuplatonischen Gottesbegriff. 2. Sie mache unhaltbare metaphysische Voraussetzungen von einer Seelensubstanz hinter den bewussten Seelenakten. (Vgl. oben S. 46.) 3. Sie sei die Praxis des katholischen Mönchtums und sei aus diesem fälschlich in das Luthertum eingedrungen. 4. An die Stelle der sittlichen Bethätigung des Christen im Beruf setze sie eine leere Kontemplation. 5. Sie stehe im Gegensatz zur Rechtfertigungslehre, insbesondere zu der praktischen Erprobung der Rechtfertigung in Gottvertrauen und Weltüberwindung. An die Stelle trete ein Gefühlsspiel der Seele mit Christus. Die altprotestantische Lehre von der unio mystica sei daher zu verwerfen.

Zu dem Streit über die Mystik vgl. H. Weiss StKr 1881 S. 377ff., Köstlin StKr 1888 S. 7ff., Reischle, Ein Wort zur Kontroverse über die Mystik in der Theologie 1887, Kaftan, Wesen d. christl. Rel. S. 86, 262f., ThLZ 1889 S. 287f., A. Müller, Das gute Recht der evang. Lehre von der unio mystica 1888, Nitzsch, Dogmatik S. 574f.

Gegen Ritschl ist geltend zu machen:

1. Er beachtet nicht die engen Zusammenhänge der mystischen Anschauungen mit der paulinischen und johanneischen Theologie. Hier finden sich die Gedanken von einer Einwohnung des Geistes Gottes in den Gläubigen, von ihrer mystischen Gemeinschaft mit Gott und Christus. Die mystischen Gedankenreihen des Paulus stellt Ritschl ungebührlich zurück und bevorzugt einseitig die mit der Rechtfertigung zusammenhängenden Anschauungen. (III³ S. 549, II³ S. 227.) Die johanneischen Gedanken von der Einigung der Gläubigen mit Gott und Christus reduziert er auf blosse Willensübereinstimmung. (Th. M.² S. 24ff., 40ff.)

2. Ritschl unterschätzt den engen Zusammenhang Luthers mit den Mystikern des Mittelalters. (Vgl. über diesen Köstlin, Luthers Theologie II² S. 447ff., StKr 1888 S. 64ff., Hering, Die Mystik Luthers 1879, Pfleiderer, Gesch. d. Rel.-Phil. S. 11ff.) Viele von Ritschl getadelte mystische Ausdrucksformen finden sich schon bei Luther, ein Beweis, dass die Mystik nicht absolut mit der Rechtfertigungslehre unvereinbar ist.

3. Ritschls Unternehmen, alle ungesunden Äusserungen der Mystik untrennbar in ihren Begriff eingeschlossen sein zu lassen, ist einseitig. Der tiefste Kern der Mystik ist zugleich die Grundfrage aller Religion: Wie finde ich Gott? Wir werden uns darum vielmehr mit der Grundtendenz der Mystik, die Gemeinschaft der Seele mit Gott zu beschreiben, eins fühlen müssen. Wir werden ihre Auswüchse abschneiden und dann von berechtigter Mystik

reden dürfen. Insbesondere ist die Herrmann'sche Polemik gegen die Mystik ungerecht. Er wirft insbesondere den neueren Theologen, welche mystische Gedankenreihen bevorzugen, vor, dass sie dadurch die geschichtliche Offenbarung Gottes in Christus vernachlässigen. (Verkehr des Christen 3. Aufl. S. 14ff.) Er stellt die Alternative auf: Entweder haben wir in geheimnisvollen Gefühlserregungen die Offenbarung Gottes oder wir haben sie in der Person Christi. Dieser Gegensatz ist aber ungerechtfertigt, denn wenn die Person Jesu uns zum Verkehr mit Gott führen soll, müssen wir im tiefsten Innern die Berührung mit Gott erleben. (Vgl. oben S. 79f.)

4. Die ausschliessende Entgegensetzung der Rechtfertigung gegen die Mystik ist ungerecht, denn wenn in der Rechtfertigung der Sünder den Gnadentrost des Evangeliums erfährt, so liegt darin zugleich eine innere mystische Einigung mit Gott. Und wenn der heilige Geist nach neutestamentlicher Lehre die Triebkraft des gesamten religiösen und sittlichen Lebens der Christen ist, so liegt darin, dass eine geheimnisvolle Gemeinschaft des Menschen mit Gott, wie die Mystik sie beschreibt, allen bewussten religiösen Akten des Menschen zugrunde liegt.

5. Ritschls Gegensatz gegen die Mystik hängt ferner mit seiner Erkenntnistheorie zusammen. Wir erkennen ein Ding nur in seinen Wirkungen. So können wir auch Gnadenwirkungen Gottes im Menschen nur so beschreiben, dass die entsprechenden Selbstthätigkeiten des Menschen analysiert werden (III³ S. 33). Hierdurch kommt nicht zum deutlichen Ausdruck, dass in der Religion eine wirkliche Lebensmitteilung Gottes an den Menschen gegeben ist (Vgl. H. Weiss StKr 1881 S. 377ff.). Die Vorwürfe, dass Ritschls Theologie moralistisch sei, haben in dieser Hervorhebung der menschlichen Selbstthätigkeit bei Ritschl ihren Grund. (Vgl. Graue, Der Moralismus der Ritschl'schen Theologie, JprTh 1889 S. 321ff.)

In der Schule Ritschls sind die Einseitigkeiten des Ritschl'schen Religionsbegriffs und seiner Rechtfertigungslehre zum Teil zurechtgestellt. Nur Bender hat das Streben nach Selbstbehauptung im Kampf ums Dasein dermassen in den Mittelpunkt der Religion gestellt, dass die Religion ganz als Begleiterscheinung des Kulturlebens erschien. Aber bei den andern Schülern Ritschls treten die Folgen der Rechtfertigung nicht in der Weise in den Mittelpunkt, dass sie das Sehnen des Menschen nach Sündenvergebung aus dem Mittelpunkt des Begriffs verdrängen. Die Einseitigkeit bei Ritschl wird hier unmerklich korrigiert. Kaftan hält den Begriff der Mystik gegenüber den Einwendungen Ritschls aufrecht (Wesen ²S. 262f.). Herrmann polemisiert heftig gegen die Mystik und gegen mystische Gedankenreihen bei neueren Theologen, nimmt aber selbst ähnliche Gedanken in seine Theologie auf. Die Ritschl'sche scharfe Trennung von Religion und Sittlichkeit findet sich in der Weise nicht mehr bei seinen Schülern. Auch Gottschick erkennt (ThLZ 1890 Sp. 206) an, dass in der scharfen Unterscheidung des Religiösen und Sittlichen ein Mangel bei Ritschl vorliege. So darf man der Hoffnung Raum geben, dass in der Auffassung des Wesens der christlichen Religion und Sittlichkeit die Einseitigkeiten der Ritschl'schen Theologie mehr und mehr zurückgestellt werden.

Schluss.

Hiermit sind alle wesentlichen Punkte der Theologie Ritschls dargestellt worden. Die Gründe für die schnelle Verbreitung der Ritschl'schen Theologie sind:

1. Sie kam vielen zu Hilfe, die an den Problemen der philosophischen Theologie sich abarbeiteten und keinen Ausweg fanden, wie die Forderungen des Denkens und die Glaubensüberzeugungen der Gemeinde zu vereinigen seien. Durch entschlossene Absonderung des Gebietes der Religion von aller Philosophie schien hier eine einfache Lösung gegeben zu sein. Zugleich kam die Verwerfung der Metaphysik dem praktisch-empiristischen Zuge der Zeit entgegen.

2. Das Religionsideal Ritschls bot ein verständliches, praktisches, männliches Christentum dar und zog durch seinen Gegensatz gegen einen weichlichen Pietismus viele an. Einer praktischen, arbeitsamen, nach Weltbeherrschung ringenden Zeit schien hier eine ihren Zielen entsprechende Religiosität geboten zu sein.

3. Die Art, wie hier unter Eingehen auf die modernen Zeittendenzen doch die wichtigsten Elemente der Tradition festgehalten wurden, hat viele angezogen. Nach Nippold (Handbuch der neuesten Kirchengeschichte I³ S. 441) hat in der neueren Zeit niemand so stark die Freudigkeit geweckt, das Evangelium voll zu verkündigen, wie Ritschl. Gerade die positiven Elemente der Theologie Ritschls haben stark gewirkt, seine Begründung der Theologie auf die Offenbarung Gottes in Christus, die praktische Gestaltung seines Systems als Darlegung der Heilserkenntnis, seine Berufung auf die Bibel, auf die Bekenntnisschriften.

4. Besonders aber hat Ritschl durch die Art, wie er neue Gesichtspunkte, oft mit kräftiger Einseitigkeit und unter gewalt-

samer Durchführung aufwarf, anregend gewirkt, gerade auch durch den Widerspruch, den viele seiner neuen Gedanken hervorriefen. Sowohl für die biblische Theologie wie für die Kirchen- und Dogmengeschichte, besonders der Reformationszeit, wie auch für die systematische Theologie hat er manche fruchtbare Fragestellung aufgeworfen.

Heftige Gegnerschaft hat die Ritschl'sche Theologie vor allem durch die Schärfe erhalten, mit der Ritschl und Herrmann ihren Standpunkt gegen alle bisher vorhandenen Richtungen in der Theologie abgrenzten und als den allein berechtigten und allen anderen überlegenen nachzuweisen suchten. Besonders seit dem Jahre 1880 ist die Polemik gegen Ritschls Theologie entbrannt. Anfangs handelte es sich besonders um die philosophische Grundlage seines Systems. Hier wurde von positiver Seite teils geltend gemacht, dass seine Erkenntnistheorie jede objektive Wahrheitserkenntnis unmöglich mache (so Luthardt, Stählin), teils wurde wieder die Berufung auf die objektiven Grundlagen der religiösen Erfahrung, auf die Person Christi, die Bibel, die Bekenntnisschriften, gelobt und hierin eine Verwandtschaft mit der positiven Theologie gefunden (so besonders von Ecke), teils wurde noch entschiedener die Ausschliessung der noch von Ritschl gebrauchten Kant-Lotze'schen Philosophie gefordert (so von Frank). Ecke hat nun genau die Annäherungsversuche mancher Schüler Ritschls, besonders Kaftans und Härings an die positive Theologie dargestellt.

Aber ebenso ist es offenbar, dass der Gegensatz der Ritschl'schen Theologie gegen die liberale Theologie von Ritschl und Herrmann als ein übertrieben grosser dargestellt ist. Besonders Harnack, Wendt, J. Weiss beginnen deutlich die Verbindung mit der liberalen Theologie herzustellen. Dies zeigt sich vornehmlich 1. in der freieren Stellung zur Bibel, 2. in der stärkeren Hervorhebung der Verkündigung Jesu. Dagegen ist es auf Seiten der Schüler Ritschls noch nicht anerkannt, dass die Stellung Ritschls zur Philosophie im Prinzip verfehlt ist. Denn 1. die theoretische Philosophie ist nicht bloss Erkenntniskritik, sondern sucht zur Lösung der höchsten Fragen aufzusteigen. 2. Praktischer Glaube steht nicht im Gegensatz zu theoretisch-metaphysischer Erkenntnis. Was dagegen die Darlegung des Wesens der christlichen Frömmigkeit betrifft, so wird sich eine Verständigung mit der Theologie Ritschls erreichen lassen, wenn man erkennt, dass gewisse Seiten des christlichen

Lebensideales in Ritschls Theologie in besonders scharfer Weise betont sind, die Überwindung der Welt durch Gottvertrauen und Geduld, die treue Arbeit im Beruf. Andersartige Gestaltungen der christlichen Frömmigkeit, wie sie in der Mystik und im Pietismus vorliegen, sind von Ritschl zu ungünstig beurteilt worden. Die Mystik geht weit deutlicher als die Theologie Ritschls auf den tiefsten Kern der Religion, den Verkehr der Seele mit Gott, ein. Daher wird auch die Theologie Ritschls nach dieser Seite hin von seinen Schülern ergänzt.

Diesen Einseitigkeiten gegenüber dürfen aber die Wahrheitsmomente nicht vergessen werden, die Ritschl seiner Zeit besonders kräftig zugerufen hat: Religion ist etwas anderes als Philosophie, und theoretisches Überzeugtsein von der Wahrheit religiöser Sätze ist etwas anderes als in der Religion leben. Die Echtheit religiöser Erlebnisse lässt sich nicht an der Überschwenglichkeit des Gefühls nachweisen, sondern an der Treue, mit der man im täglichen Leben seinen Beruf erfüllt, Erdenleid und -Lust überwindet und sich allen Hemmungen zum Trotz stets zu der gleichmässigen Stimmung der Freude emporarbeitet, die ein Zeichen der Gotteskindschaft ist.

Kolibri 360 GmbH
Ferdinand-Jühlke-Straße 7
99095 Erfurt, Deutschland
produktsicherheit@kolibri360.de